KC-100 항공기 경험으로 쓴

민간 항공기 개발

저자 고대우, 최낙선, 강민성, 김광해, 류광수

감수 김임수

청문각

| 머리말 |

항공 산업은 우리나라가 반드시 발전시켜야 할 분야입니다. 이제까지 우리는 KT-1 기본 훈련기, T-50 고등 훈련기, FA-50 경공격기, KUH 한국형 기동 헬기 등 여러 군용 항공기를 개발하여 운영하고 있어 군용 항공기 개발에서는 어느 정도 수준에 도달해 있다고 할 수 있습니다. 그러나 민간 항공기의 경우 연구 목적으로 개발된 경우는 있으나 상용으로 개발된 항공기는 없었으며 그 개발 경험 또한 매우 일천합니다. 따라서 민간 항공기 개발 능력은 항공 산업이 한 단계 더 발전하기 위해서는 반드시 확보해야 할 기술입니다. 특히 우리나라는 기반 산업인 기계, 자동차, IT 등 분야에서 경쟁력이 뛰어나 융 · 복합 기술의 결정체인 항공 산업이 발전할 수 있는 최적의 나라입니다.

최근 항공 산업에 대한 관심이 높아지면서 항공기 설계에 대한 관련 서적들이 다양한 분야에서 출판되었으나, 이들 내용은 전부 군용기 개발 경험에 근거하여 기술되었습니다. 군용 항공기와 민간 항공기의 일반적인 항공기 개발 과정은 유사하나, 민간 항공기의 경우 민간 항공기 기준의 항공기 형식 증명 획득이 필수적입니다. 다행히 KC-100 개발을 통해 민간 항공기 개발과 인증 절차를 경험해 봄으로써 우리나라도 본격적으로 민간 항공기를 개발할 수 있는 여건이 마련되었다고 할 수 있겠습니다.

KC-100 항공기는 상용 목적으로 개발된 항공기입니다. 이를 위해 우리나라 최초로 국내 민간 항공기 형식 증명을 획득하였고, 추가로 해외 수출을 위해 미국연방항공청(FAA)의 형식 증명을 획득할 예정입니다. KC-100 개발 초기에 군용 항공기 개발과 인증을 통하여 항공기 개발에 대한 경험은 있었으나, 민간 항공기 인증에 대해서는 생소하였고, 기술 기준 등에 제시되어 있는 기준과 절차가 무엇을 말하는지 구체적으로 가슴에 와 닫지 않았습니다. 막연한 두려움에서 시작하여 때로는 시행착오를 겪으면서 개발이 마무리되는 시점에 와 보니 이제까지 알았던 설계에 대한 단편적인 지식이 비로소 처음과 끝이 연결되어 전체적으로 어떻게 해야 하는지를 생생하게 이해할 수 있었습니다. 본 책에서는 이러한 경험을 바탕으로 실제 민간 항공기 시장 분석에서부터 시작하여 설계, 제작, 시험 및 인증을 통해 민간 항공기 형식 증명을 획득하는 전 과정을 보여 주어 향후 민간 항공기 개발의 길잡이 역할을 하고자 합니다.

본 책은 먼저 항공기 개발에 있어 필수적인 시스템 엔지니어링에 대해 살펴보고 이를 활용하여 KC-100 개발에 어떻게 적용하였는지를 보여 주고 있습니다. 다음으로 항공기 인증의 핵심 요소 중 하나인 체계 안전성에 대해 살펴보고, 이어서 인증을 위해 수행된 적합성 입증 시험에 대해 설명하고 있습니다. 마지막으로 실제 KC-100 설계가 진행된 과정, 개발 중 애로 사항과 개발 과정을 통해 얻은 교훈이 무엇이었는지를 보여 주고 있습니다. 항공기 인증 과정은 개발 항공기가 법적으로 만족시켜야 할 기술 기준을 충족하는지를 확인하는 과정입니다. 따라서 적용되어야 할 기술 기준 및 절차를 숙지해야 하며, 이를 기준으로 인증 당국과 꾸준한 협의를 통해 공통의 인식을 가질 때 성공적인 개발을 할 수 있고, 또한 시행착오를 최소화할 수 있습니다. 여기서는 개발에 대한 일반론이 아니라 실제 설계를 진행하면서 각 개발 단계별로 일어난 상황들을 기술함으로써 실무적인 민간 항공기 개발에 대한 이해를 높이고자 합니다.

끝으로 KC-100 개발의 성공적인 마무리를 위해 주말이나 밤늦게까지 수고해 주신 개발자 여러분들의 열정에 감사드리며, 또한 항공기의 형식 증명 획득에 많은 지원과 수고를 하셨던 국토교통부, 한국항공우주연구원 및 관계 기관의 관련자에게 깊은 감사를 드립니다.

2013년 12월

저자 일동

| 추천사(I) |

우선 KC-100 항공기의 성공적인 개발을 우리 같이 축하하면서 그 개발 과정을 되돌아보는 개발 백서가 출간이 되고 이를 추천할 수 있게 되어 무척 기쁩니다. 특히 본인은 KC-100 개발의 근거가 된 예전 건교부의 "항공 기술 선진화 사업"을 추진한 사람 중 하나로서, 또한 실제 기획 연구 과제의 책임자였기에 성공적인 개발과 이의 개발 및 인증 과정을 담은 기술서를 추천하게 되어 더욱 감회가 새롭습니다.

우리나라의 항공기 개발 이력을 되짚어보면 체계적인 연구 개발 과정을 거쳐 진행된 사례는 복합재 쌍발기, 반디호를 비롯하여 연구 개발 목적의 소형 민간 항공기들이었습니다. 그러나 KT-1, T-50, KUH 등으로 이어지는 군용 항공기 개발에 비하면 연구 범위나 경험 측면에서 미약한 수준이었다고 할 수 있겠습니다. 특히 민간 항공기에 대한 국제 수준의 항공 안전 인증 규정의 적합성이 충족되도록 개발한 사례는 없었기에 KC-100 개발 사업은 민간 항공기 역사에 큰 의미가 있다고 할 수 있습니다.

항공 선진국은 이미 개발 항공기의 안전성을 보증하기 위해 형식 설계에 대한 기술 기준을 제정하였고, 항공기, 장비 및 부품이 해당 항공기 기술 기준에 적합함을 입증하는 법적 절차를 적용하고 있습니다. 이를 통해 세계 시장에 보다 안전한 항공기를 공급하며 민간 항공기 시장을 장악하고 있습니다. KC-100은 국내 인증 당국이 미국연방항공청 FAA와 동등 수준으로 제정한 국내 기술 기준을 준수하여 개발된 항공기이며, 나아가 한미 간 상호항공안전협정 BASA를 체결하고 FAA 형식 증명도 취득하게 될 것입니다. 이러한 절차가 완료되면 국내 민간 항공기로서는 처음으로 국제적인 항공 안전성 기준을 만족하는 민간 항공기가 탄생하게 되는 상징적 의미를 가지게 되며, 국내 민간 항공기 개발 기술 발전에 새로운 전환점을 가져올 것입니다.

이 책은 앞서 언급한 민간 항공기 형식 인증 절차 및 적용에 대해 KC-100 개발 사업을 통해 얻은 경험을 바탕으로 자세히 기술하고 있습니다. 형식 증명 획득을 전제로 처음 시도하는 민간 항공기 개발 사업이라 개발 과정 및 시험 단계에서 많은 시행착오를 겪었을 것입니다. 이런 과정은 경험하지 않고서는 풀리지 않는, 수많은 기술적 의문 사항에 대한 해결 방법을 배우는 좋은 계기가 되었을 것입니다. 또한 잘못된 길을 답습하지 않고 최선의 길을 찾을 수 있는 방안을 제시하고자 하는 이 책의 목적을 충족시킬 수 있는 좋은 밑거름이 되었다고 판단됩니다.

민간 항공기 인증 절차에 대한 포괄적이고 개념적인 자료들은 어렵지 않게 구할 수 있을 것입니다. 하지만, 이 책은 단순히 인증 절차에 대한 설명이 아닌 민간 항공기 개발 및 인증의 과정을 KC-100 사례를 통한 실무 위주의 내용으로 기술하고 있다는 점에서 기존의 기술자료들과의 차별성을 가지는 것으로 보여 적극 추천하는 바입니다.

끝으로 KC-100 개발 및 인증 사업을 수행한 많은 개발 실무자들과 인증 당국 실무자들의 노고를 치하하며, 소중한 경험들을 놓치지 않고 귀중한 자료로 남기느라 애쓴 이 책의 저자들에게도 치하의 말씀을 드립니다. 그리고 향후 새로운 민간 항공기 개발 및 인증 사업을 진행하는 실무자들에게 훌륭한 지침서가 될 것이라 믿으며, 세계의 민간 항공기 시장에서 국내 항공기가 자리매김할 수 있는 첫걸음이 되기를 기대합니다.

2013년 12월

한국항공우주연구원 원장

김승조

| 추천사(II) |

"KC-100 항공기 경험으로 쓴 민간 항공기 개발"은, 민간 항공기의 특징을 고려하여 항공기의 개발 과정을 초기 단계인 개념 설계에서부터 인증을 받는 단계까지 정리하여 그 과정과 주요 내용을 소개한 책입니다. 한국항공우주산업㈜에서 실질적으로 개발을 주도한 연구원들이 작성한 내용으로, 개발 과정의 전체 흐름뿐만 아니라 개발 단계에서 핵심적으로 관리해야 할 사항들을 잘 식별하여 현장감이 느껴지고 체계공학의 틀로 정리되어 학문적 연결도 확인할 수 있습니다.

국내 항공 산업의 역사는 항공 선진국에 비해 매우 짧지만 '7~80년대 창 정비와 기술 도입 생산의 단계를 거쳐 '90년대 이후 KT-1 기본 훈련기, T-50 고등 훈련기, KUH 수리온 헬리콥터 등을 개발하여 생산에 성공하면서 선진국 진입 직전의 중급 기종의 독자 개발 단계에 접어들었습니다.

하지만 이러한 비약적인 발전은 군용기 분야에 한정되어 있었고, 민간 항공기의 경우 연구 개발 목적의 항공기 개발 시도 외에는 산업적 측면의 기체 부품 국제 공동 개발 참여 수준에 머물러 왔습니다.

이러한 즈음에 한국항공우주산업㈜에서 개발한 KC-100 항공기는 국내 항공 산업의 새 지평을 열었다고 할 수 있겠습니다. KC-100 항공기는 참조 모델이 없이 백지에서 디자인을 시작하여 전기체 복합재 구조물, 세계 최초 전자식 엔진 제어 장치 적용, 최신의 항공 전자 시스템, 제빙 장치 등을 적용하였습니다. 또한 국토교통부의 인증 기준인 KAS Part 23과 미국연방항공청(FAA)의 인증 기준인 FAR Part 23을 만족하는 형식 증명을 획득하였습니다.

이 책은 이러한 일련의 민간 항공기 개발 과정을 KC-100의 사례를 중심으로 알기 쉽게 잘 정리하여 항공기 설계 및 개발 과정을 이해하고 공부하고자 하는 학생들, 항공 산업 정책과 기획 담당자, 항공기 개발에 참여하고 있는 엔지니어는 물론 향후 민간 항공기 개발을 계획하고 개발에 참여할 전문가들에게 많은 도움이 될 것이라고 확신합니다.

앞서 언급한 바와 같이 국내 항공 산업은 군용기 위주로 진행하여 왔으며 근래에 민수 비중이 확대되는 추세에 있습니다. 실제로 민수 시장이 군수 시장보다 2배 이상 큰 규모이므로 이러한 확대는 바람직한 방향이며 고부가 가치의 국제 공동 개발 참여와 함께 완제기 분야로 진출해야 함을 많은 항공 산업 관련 전문가들이 공감하고 있습니다. 이를 반영하여 경항공기, 중소형 항공기, 중형 항공기, 민수 무인기 등의 민간 항공기 개발 검토가 진행되고 있거나 계획 수립 단계에 있습니다.

이런 상황에서 국제적 인증을 취득한 민간 항공기 개발은 항공 선진국에 비하면 다소 늦었지만 민간 항공기 개발 과정을 집대성한 이 책이 출간된 것을 뿌듯하게 생각합니다. 아울러 집필진과 이 책의 탄생에 지원을 아끼지 않은 한국항공우주산업㈜에 감사함을 전하며, 국내 항공 우주 산업이 세계에 우뚝 서길 기원합니다.

2013년 12월

한국항공우주학회 회장

조진수

| 차례 |

CHAPTER 3 민간 항공기 안전성 평가(Safety Assessment)

CHAPTER 5 KC-100 항공기 개발 과정

부록

Chapter 1

개 요

01 | KC-100 개발 사업 개요

KC-100 항공기는 국내 최초로 형식 증명을 획득한 민간 항공기이다. 국내 인증 당국으로부터 KAS(Korean Airworthiness Standards) Part 23급 항공기의 형식 증명을 획득하였고, 나아가 제작 증명 및 감항 증명 획득을 계획하고 있다. 또한 본 개발 과정을 통해 미국과의 기술표준품급 상호항공안전협정(BASA, Bilateral Aviation Safety Agreement) 범위를 항공기급으로 확대하고, 이를 통해 향후 민간 항공기 수출을 위한 발판을 마련하는 데 그 목적이 있다.

우리나라의 항공 산업 역사를 보면, KF-16 면허 생산을 시작으로 KT-1, T-50, KUH 등 주로 군용 항공기에 대한 개발 경험을 가지고 있다. 민간 항공기의 경우 이전에 복합재 쌍발기, 반디호 등이 연구 목적으로 개발된 경험이 있었으나, 국제 수준의 안전성 확보를 위한 기술 기준에 맞게 개발된 사례는 전무하다.

국내에서 개발된 주요 항공기는 그림 1-1에서 보여 주고 있다. 국내에서도 항공 선진국인 미국 FAA(미국연방항공청, Federal Aviation Administration) FAR(Federal Aviation Regulation)과 동등한 수준의 KAS(Korean Airworthiness Standards)가 제정되어 있지만 이를 적용할 민간 항공기 개발 사업이 없었다.

• 그림 1-1 • 국내 개발 주요 항공기

이러한 관점에서 KC-100 개발 및 국내 형식 증명 취득은 큰 의미가 있다고 하겠다. 형식 인증(Type Certification)은 개발 항공기의 형식 설계(Type Design)에 대한 안전성을 보증하기 위하여 항공기 등 장비품 및 부품이 해당 항공기 기술 기준에 적합함을 입증하는 법적 절차이다. 국내 첫 형식 증명을 취득한 KC-100 항공기는 국내는 물론 미국 FAA 형식 증명도 신청하였다. 국내 인증 당국의 항공기 기술 기준이 미국 FAA의 기술 기준과 동등 수준에서 제정되었기 때문에, 한 · 미 간 상호항공안전협정 BASA가 체결된다면 동등 수준을 인정하여 확인(Validation) 절차만을 통해 FAA 형식 증명도 취득할 것으로 기대한다. 또한 민간 항공기 개발 및 인증 절차와 인증 인프라를 구축하여 향후 민간 항공기 개발에 필요한 기반을 확립하였다고 할 수 있겠다.

이 책에서는 KC-100 민간 항공기 개발 경험을 바탕으로 기존의 군용기 개발 경험과 중복되는 내용을 가급적 배제하고 민간 항공기 개발에 필요한 시스템 엔지니어링, 적합성 입증에 대한 내용 위주로 서술하였다. 또한 군용기와 민간 항공기 개발의 차이점에 대한 비교를 통해 이해도를 높이고 더 나아가 차후 중소형 및 중형 민간 항공기 개발 시 활용할 수 있도록 방향을 제시할 것이다.

02 | KC-100 개발 일정

항공기 개발은 고객 요구도로부터 설계 요구 조건을 설정한 후 개념 설계(Conceptual Design), 기본 설계(Preliminary Design), 상세 설계(Detail Design)의 과정을 통해 구체화되고 이후 시제작, 지상 시험 및 비행 시험을 거쳐 최종적으로 항공기에 대한 인증을 획득하는 과정으로 이루어진다.

KC-100 개발은 2008년 6월에 사업을 착수하여 약 5년간 항공기 개발 및 인증 인프라를 구축하여 최종적으로 2013년 3월 국내 형식 증명을 취득하였다. 간략한 개발 일정은 그림 1-2에 제시되어 있다.

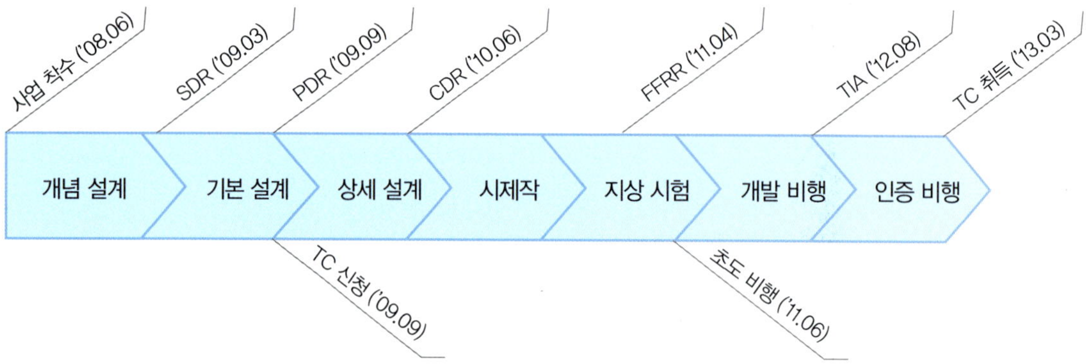

• 그림 1-2 • **주요 개발 일정**

개발 기간 동안 지상 · 비행 시험용 시제 항공기 2대와 전기체 수준의 구조 정적 및 피로 시험용 기체 각 1대씩 총 4대의 시제 항공기를 제작하였고, 적합성 입증을 위한 각종 시험을 수행하였다. 또한 인증을 위한 인증 계획서 작성 및 관련 시험을 통해 항공기의 적합성을 입증하였다. 동시에 항공기 개발에 필요한 비행 시험 설비들과 인증 인프라를 개발하여 활용하였다. 상세한 개발 및 주요 시험 일정은 그림 1-3에 나타나 있다.

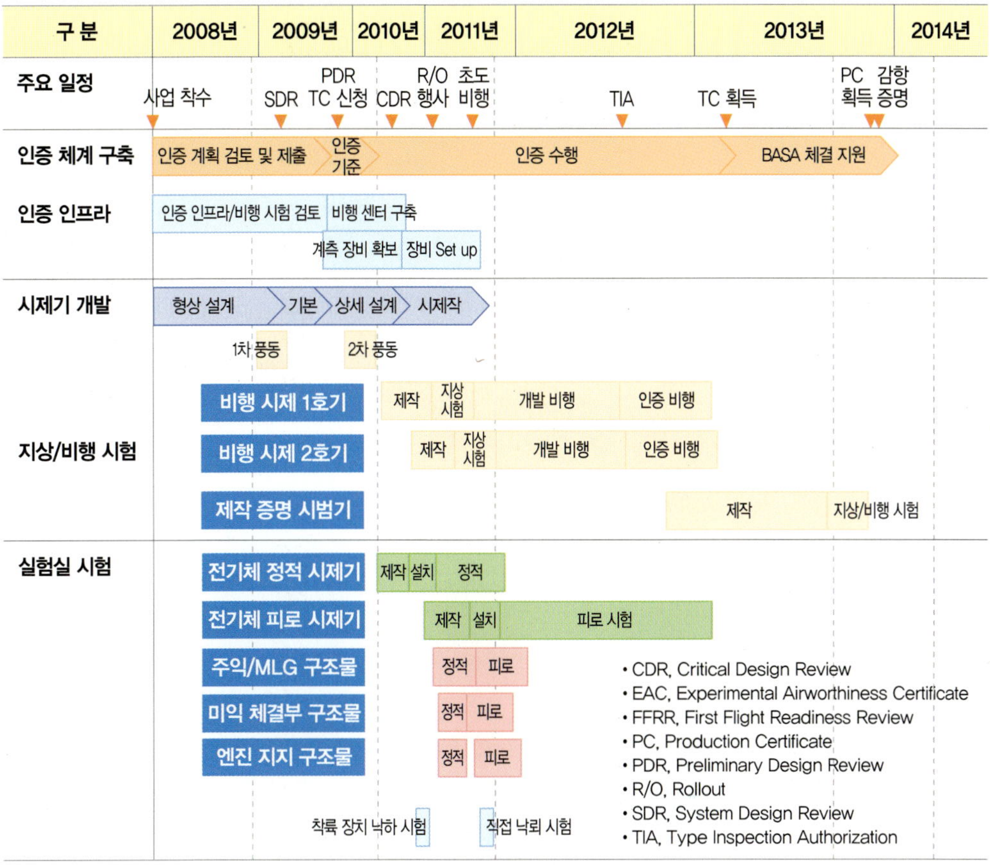
구 분
2008년
2009년
2010년
2011년
2012년
2013년
2014년
주요 일정
사업 착수
SDR
PDR TC 신청
CDR
R/O 행사
초도 비행
TIA
TC 획득
PC 획득
감항 증명
인증 체계 구축
인증 계획 검토 및 제출
인증 기준
인증 수행
BASA 체결 지원
인증 인프라
인증 인프라/비행 시험 검토
비행 센터 구축
계측 장비 확보
장비 Set up
시제기 개발
형상 설계
기본
상세 설계
시제작
1차 풍동
2차 풍동
지상/비행 시험
비행 시제 1호기
제작
지상 시험
개발 비행
인증 비행
비행 시제 2호기
제작
지상 시험
개발 비행
인증 비행
제작 증명 시범기
제작
지상/비행 시험
실험실 시험
전기체 정적 시제기
제작
설치
정적
전기체 피로 시제기
제작
설치
피로 시험
주익/MLG 구조물
정적
피로
미익 체결부 구조물
정적
피로
엔진 지지 구조물
정적
피로
착륙 장치 낙하 시험
직접 낙뢰 시험
• CDR, Critical Design Review
• EAC, Experimental Airworthiness Certificate
• FFRR, First Flight Readiness Review
• PC, Production Certificate
• PDR, Preliminary Design Review
• R/O, Rollout
• SDR, System Design Review
• TIA, Type Inspection Authorization

• 그림 1-3 • **상세 개발 일정**

03 KC-100 항공기 소개

KC-100 항공기는 단발 피스톤 엔진을 장착한 4인승 범용 항공기(General Aviation) 범주에 속하는 기종으로, 기체는 복합재이며 세미모노코크 구조로 되어 있다. 엔진은 315마력으로 터보차저(Turbocharger)와 전자식 엔진 제어 장치(FADEC, Full Authority Digital Engine Control)가 장착되어 있다. 일반적으로 엔진 조절을 위해 스로틀, 프로펠러 각도 조절, 연료 혼합비 조절의 3개 레버를 조절하는 방식이었으나, 전자식 엔진 제어 장치가 장착된 엔진이 채택됨으로써 단일 출력 조절 장치(SLPC, Single Lever Power Control)로 엔진 조작이 가능하여 조종사의 편의성을 높였다.

또한 승객들의 쾌적하고 안락한 비행을 위해 냉 · 난방 시스템을 장착하였고 동시에 인체공학적인 인테리어 설계를 적용하여 동급 경쟁 기종 대비 항공기 내부 공간을 크게 설계하였다. 조종간은 Side Stick으로 좌 · 우측 측면에 장착하여 내부 공간 활용도 및 계기판의 가독성을 높였다.

항공 전자는 최신 전자식 통합 항전 장비를 장착함으로써 정보의 인지성 및 시인성과 통합적 상황 인식을 용이하게 설계하였다. 또한 운항 중 조종사의 업무 부하를 최소화하기 위해 자동 조종 장치를 장착하였다. KC-100의 조종실 및 전자식 통합 항전 장비는 그림 1-4와 같다.

• 그림 1-4 • KC-100 조종실 내부

KC−100 항공기는 최대 고도 7,620 m(25,000 ft), 최대 순항 속도 363 km/h(196 kts), 최대 항속 거리 1,850 km(1,000 nm)까지 운항이 가능하며, 내부 고정식 산소 공급 장치와 의도하지 않은 결빙 조우 시 회피가 가능하도록 제빙 시스템을 갖추고 있다. 또한 운항 조건으로는 주간 및 야간에 시계 비행(VFR, Visual Flight Rule)과 계기 비행(IFR, Instrument Flight Rule)이 가능하도록 설계되어 있다.

KC−100의 주요 제원과 탑재 장비는 그림 1−5에서 보여 주고 있다.

〈제원〉

항공기 형식	KAS Part 23급 보통류
좌석 수	4명
엔진	TSIOF−550K Turbocharger
출력	315마력
최대 이륙 중량	1,633 kg
최대 운용 고도	7,620 m
최대 순항 속도	363 km/h 이상
최대 항속 거리	1,850 km 이상

〈주요 장비〉

- 전자식 엔진 제어 장치(FADEC)
- Side Stick 조종 장치
- 제빙 시스템
- 내부 고정식 산소 공급 시스템
- 전자식 통합 항전 장비
- 냉난방 장치
- 자동 조종 장치

• 그림 1−5 • KC−100 항공기 제원 및 주요 장비

Chapter 2

민간 항공기 개발 시스템 엔지니어링

01 | 개 요

이 장에서는 새로운 항공기를 설계하는 데 있어서 널리 사용하고 있는 시스템 엔지니어링(Systems Engineering, 이하 SE) 절차에 의해 개발된 KC-100의 전 과정을 기술하여 개발 과정에 대한 체계적인 이해를 제공하고자 한다. SE는 INCOSE(International Council on Systems Engineering), 관련 군사 규격(Military Standard), ANSI(American National Standard Institute), EIA(Electronic Industries Alliance), IEEE(International Electronic and Electrical Engineering) 등에서 해석을 조금씩 다르게 하고 있기는 하지만 일반적인 원칙은 동일하므로 KC-100 개발 과정을 SE 틀에서 기술하고 이해하는 데는 어려움이 없을 것으로 판단된다.

또한, 여기서는 SE 자체를 다루는 것이 목적이 아니고 우리나라의 경우 항공기 개발이 군용기를 위주로 발달되어 왔기 때문에, 군용기 개발 과정에 대한 것은 독자들도 이해한다는 전제로 기술하며, KC-100 항공기 설계 및 인증 과정을 기술하여 전체적인 민간 항공기 개발 프로세스를 공유하고자 한다.

1 시스템의 정의

광의의 시스템은 "정의된 목적을 달성하기 위한 요소(Elements)들의 결합체(Combination)"를 의미한다. 민간 항공기 산업 분야에서는 "시스템"이라는 용어가 일반적으로 전기 계통(Electrical Systems), 유압 계통(Hydraulic systems) 등과 같이 사용되기도 하며 시스템의 정의에 입각하면 잘못된 표현도 아니다.

하지만 여기서부터 시스템이라 하면 항공기와 구성 요소 모두를 의미하며, 하부 요소는 세부 계통(Sub System)으로 지칭하고자 한다.

2 민간 항공기 개발을 위한 SE 적용 로드맵

그림 2-1은 전형적인 SE 프로세스라고 해도 좋을 SE 절차이다. 이를 바탕으로 민간 항공기 개발의 SE 절차 수립 선진 사례를 참조하여 항공기 개발에 초점을 맞추어 SE 로드맵을 그림 2-2와 같이 구성하여 개발 과정의 전체 프로세스로 수립하였다.

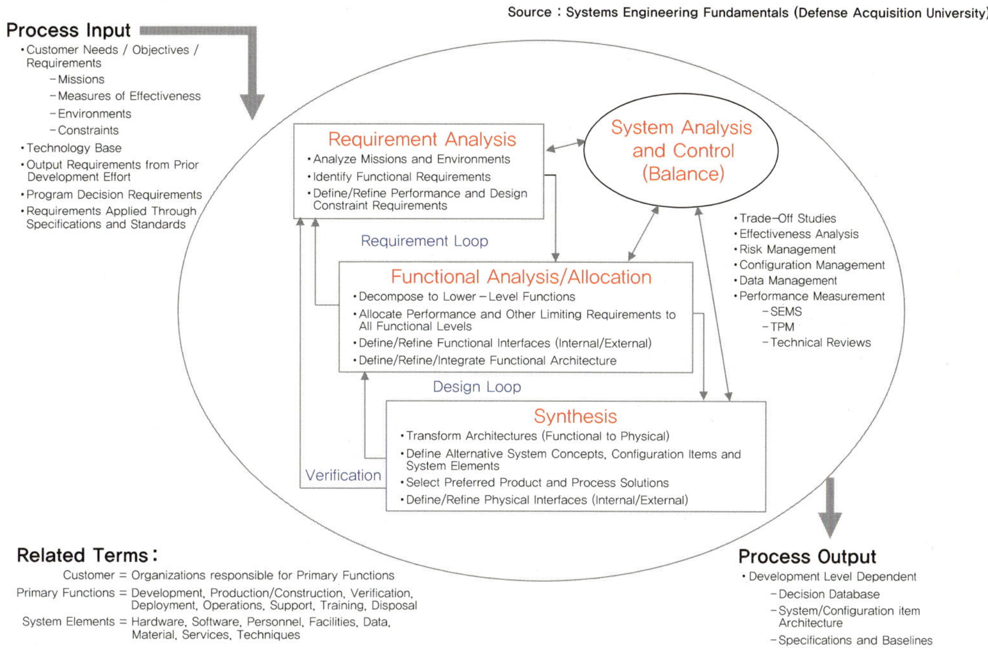

• 그림 2-1 • 시스템 엔지니어링 Process

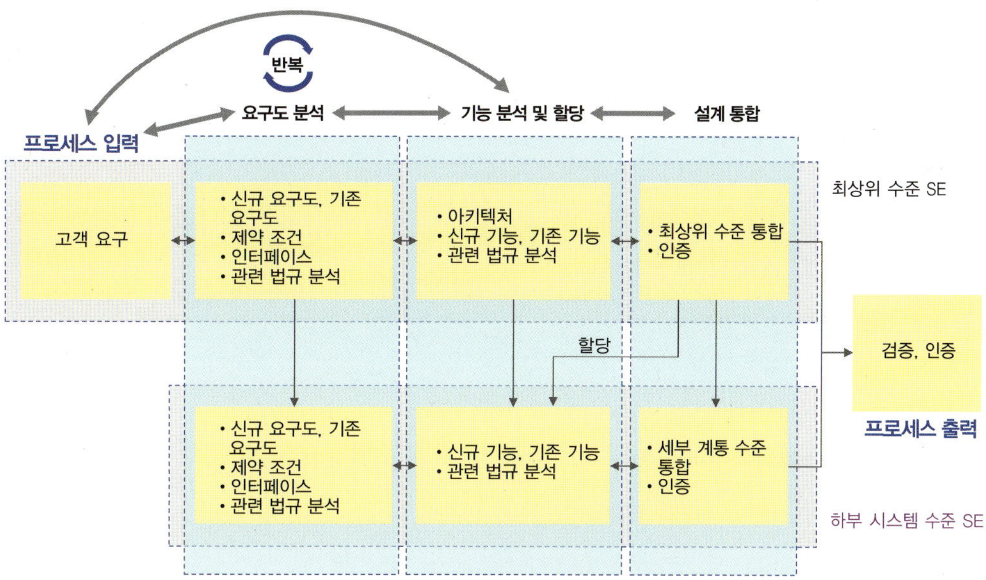

• 그림 2-2 • 시스템 엔지니어링 로드맵

본 SE 로드맵을 근간으로 항공기 개발 전 과정을 계획해야 되며, KC-100 개발 과정 또한 본 로드맵을 기준으로 기술될 것이다. 군용기 개발의 경우 요구도가 정해진 상태에서 출발하지만 민간 항공기의 경우 프로세스 입력 단계인 고객 분석, 경쟁 분석, 운용 분석 등에 많은 노력이 필요하게 되며, SE 프로세스 전반 3단계인 프로세스 입력, 요구도 분석, 기능 분석 및 할당이 계속 반복되면서 구체화되고 개정되는 속성을 가지고 있다.

02 | 민간 항공기의 특성

1 민간 항공기의 분류

민간 항공기(Civil Aircraft)는 국제민간항공협약에 근거하여 정부 기관이 아닌 민간 관리 하에 운용되는 항공기를 말한다. 민간 항공기의 분류 방법은 그 목적에 따라 다양하다. 먼저 법규상의 기준에 의해 분류되는 용어를 이해하는 것이 중요한데 먼저 항공법에 등장하는 용어로 분류하면,

① **항공기** : 비행기, 비행선, 활공기, 회전익 항공기, 그 밖에 대통령령으로 정하는 것으로서 항공에 사용할 수 있는 기기를 말한다.

② **경량 항공기** : 항공기 외에 비행할 수 있는 것으로서 국토교통부령으로 정하는 타면(舵面) 조종형 비행기, 체중 이동형 비행기 및 회전익 경량 항공기 등을 말한다.

③ **초경량 비행 장치** : 항공기와 경량 항공기 외에 비행할 수 있는 장치로서 국토교통부령으로 정하는 동력 비행 장치(動力飛行裝置), 인력 활공기(人力滑空機), 기구류(氣球類) 및 무인 비행 장치 등을 말한다.

다시 항공기를 기술 기준에 따른 감항 분류에 의하면 다음과 같다.

① 보통(Normal) : Part 23, 27

② 실용(Utility) : Part 23

③ 곡기(Acrobatic) : Part 23

④ 커뮤터(Commuter) : Part 23

⑤ 수송(Transport) : Part 25, 29

⑥ 비행선(Manned free balloon) 등 특수 항공기 : Part 31 등

⑦ 경비행기(VLA, Very Light Airplane) : Part VLA

위에서 비행선의 경우 국내에서는 별도의 기술 기준이 아직 존재하지 않으며, 경비행기(VLA)는 미국에서 별도의 기술 기준이 존재하지 않는 분류이다. 이와 같은 법규상의 분류에서 주 관심 대상인 비행기를 더욱 상업적인 의도와 연계해 분류하면 그림 2-3과 같다.

그림 2-3은 항공기를 승객 수와 속도로 분류한 것이며, FAR Part 23에 의하면 제트 항공기의 경우 승객 수 9인 또는 이륙 중량 12,500 lb까지, 프로펠러 항공기의 경우 승객 수 19인이고 이륙 중량 19,000 lb까지가 Part 23 카테고리이다. 하지만 2011년 개정된 FAR에 의하면

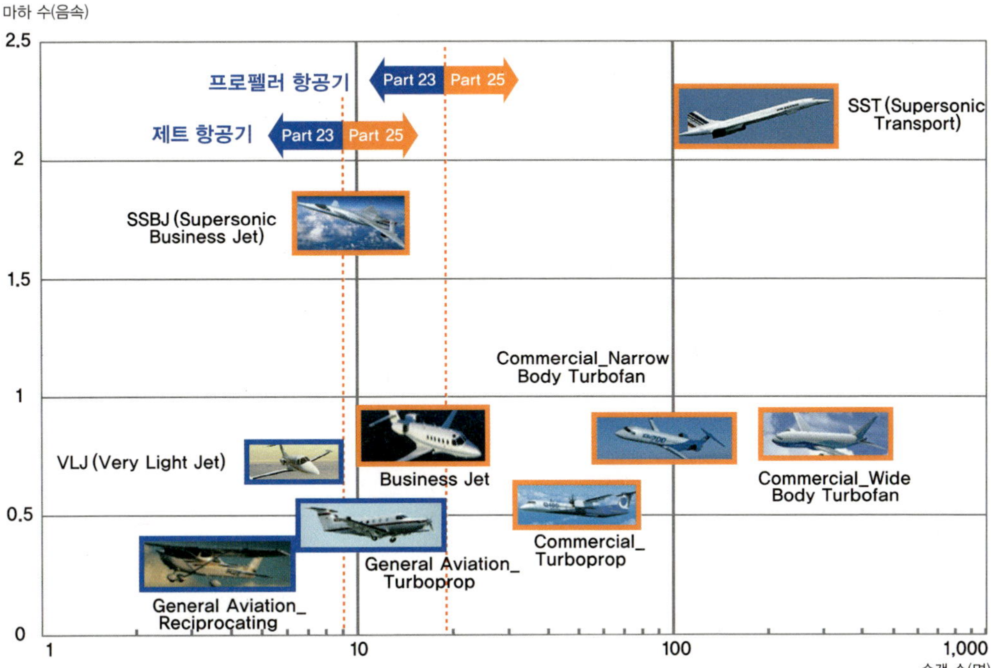

• 그림 2-3 • **민간 항공기 분류(속도 대비 승객 수)**

제트와 프로펠러 추진 기관의 구분 없이 승객 수 19명 이하이고 이륙 중량 19,000 lb까지 Part 23 커뮤터 분류로 인증받을 수 있다.

또한 항공기의 운항 노선(Airline) 주기에 따라 상업용 정기 노선과 부정기 운항 노선으로 구분할 수 있으며, 일반적으로 대형 여객기 및 리저널 제트기의 경우 상업용 정기 노선에 해

상업용 정기 노선 민항기	**대형 여객기** • 100인승 이상의 대형 제트 여객기	• 초대형 점보기 : A380, B747 • 광폭 동체기 : A330/340, B777 • 협폭 동체기 : A320, B737
	리저널/커뮤터기 • 지역/근거리 항공 운항 목적의 중 · 소형 여객기	• 터보프롭 여객기 : ATR42/72, Q300/400 • 중 · 소형 제트 여객기 : ERJ, CRJ
부정기 비즈니스용 민항기	**비즈니스기** [Business Aviation] • 개인 또는 기업의 비즈니스용으로 운항	• Business Jet 또는 Turboprop • 항공기 중량 기준으로 Class 분류 – Heavy, Medium, Light, V.light
기타	**기타 범용기** [General Aviation] • 상기 범주 이외의 개인용/레포츠기	• 다양한 형태의 소형 항공기 – 피스톤기, 터보프롭기, 수륙 양용기, 레포츠용 제트기 등

• 그림 2-4 • **운항에 따른 민간 항공기 분류**

당되며 기업 소유의 비즈니스 제트기는 부정기 운항 노선이다. 그림 2-4는 운항에 따른 항공기 분류를 보여 주고 있다. 상업용 이외의 목적으로 사용되는 범용 항공기(General Aviation)는 상기 범주 외의 항공기 범위를 말하며, KC-100의 경우 이에 해당된다.

2 세계 민간 항공기 시장

세계 민간 항공기 시장의 규모(회전익 제외)는 그림 2-5에서 보여지듯이 10년간 1조 5천억 달러 수준으로 유지되며, 경제 상황에 따라 증감을 반복하고 있다. 시장 영역별 규모(금액 기준)는 대형 여객기(Large Commercial Jet) 77.5%, 비즈니스기(Business Aviation) 14.4%, 리저널/커뮤터기(Regional/Commuter) 6.4%, 기타 범용기(General Aviation) 1.6% 순의 수준으로 유지되고 있다. 그중 기타 범용기(General Aviation) 시장은 1.6%, 약 25억 달러 규모이지만, 항공기 납품 대수 기준으로는 45.9%, 25,000대 수준으로 가장 많은 점유율을 차지하는 기종이다.

지역별 분포는 북미 지역이 제트기, 터보프롭기, 피스톤 항공기 등 모든 영역에서 가장 큰 규모를 차지하고 있으며, 특히 피스톤 항공기의 경우 북미 지역이 67%를 점유하고 있다.

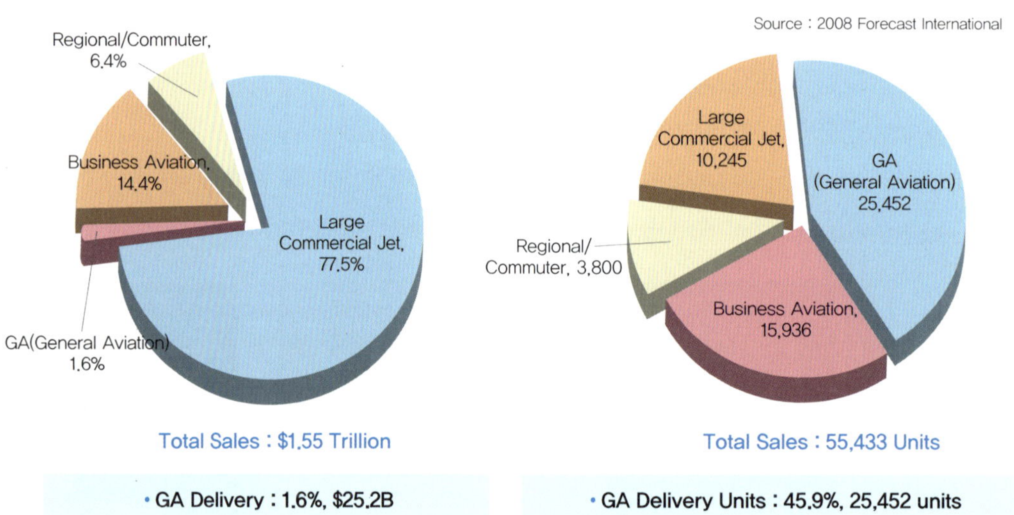

• 그림 2-5 • 항공기 시장 전망 분석

3 군용 · 민간 항공기 기술의 특징

표 2-1에서 한국항공우주산업㈜에서 개발한 KC-100 항공기와 T-50 훈련기 비교를 통하여 거시적인 기술적 특징 차이를 서술해 보았다. 군용 훈련기의 경우 성능 중심의 기능적 할당이 필요한 반면, 민간 소형기의 경우 법규적 요구 조건을 만족하면서 승객 편의성, 운용 효율성의 극대화를 위한 기능 구성이 필요함을 알 수 있다. 이러한 사항은 SE 프로세스상 요구도 분석(Requirement Analysis), 기능 분석 및 할당에서 좀 더 상세히 다룰 예정이다.

• 표 2-1 • 민간 및 군용 항공기 기술 특징 비교

항 목	민간 항공기(KC-100)	군용 훈련기(T-50)
설계 목표	• Customer Needs/Objectives /Requirements	• Required Operational Capabilities (ROC)
감항성 설계/인증	• 기술 기준(Part 21, 23)	• 군용 감항 기준
주요 요구 성능	• 아음속 순항 효율 • 고양력 장치 • 소음 및 공해 최소화	• 초음속/천음속 기동 성능 • 고받음각 성능 • 엔진 추력 우선
기 체	• 경량, 저가 구조	• 경량 구조(성능 우선)
세부 계통	• 승객 중심의 편리성 • 인테리어	• 조종사 중심 • 조종실/임무 장비/무장
항공 전자	• 표준품(TSO)	• 맞춤형(Customized)

03 | KC-100 시스템 엔지니어링 프로세스

1 프로세스 입력(Process Input)

KC-100 항공기는 "소형 항공기급 인증기 개발"이라는 명칭으로 우리나라와 미국 간에 현재 TSO급으로 되어 있는 BASA를 항공기급으로 확대 체결하기 위한 기술평가 과정을 보이기 위한 시범 사업(Shadow Program)으로서, 정부 과제로 진행되었기 때문에 사전 기획 과제에 의해 개발 항공기의 대상이 어느 정도 확정된 상태에서 시작하였다.

따라서 고객 요구가 정부 과제로 공고된 제안 요청서(RFP, Request for Proposal)에 큰 틀로는 정해져 있었고 세부 요구 조건에 대해 고객 분석을 통하여 결정하였다.

고객과 ROC(Required Operational Capability)가 개발 착수 전 결정된 군용 항공기 개발 사업과 달리 민간 항공기는 잠재 고객을 대상으로 항공기를 개발하기 때문에, 개발 전 목표 시장을 선정하고 해당 시장의 고객 요구(Customer Requirements) 분석을 수행하게 된다. 목표 시장이 선정되고 나면 본격적인 개발이 착수되므로 사업의 목표, 고객 요구, 환경 및 제약 조건 등을 바탕으로 SE의 방향을 설정하는 단계로 이행된다.

(1) 시장 분석

민간 항공기 개발에서의 시장 분석은 시스템 엔지니어링 절차 중 가장 첫 단계로, 이 결과에 따라 목표 시장이 정의되고 사업의 진행 여부를 판단하게 되는 중요한 요소이다. KC-100의 경우 범용 항공기(GA, General Aviation) 범주에 속하므로 소형 항공기급에 국한되어 서술되었다.

먼저 시장 전망 분석 전문 자료인 Forecast International 및 각종 항공사 자체적으로 향후 10~20년 후의 전망을 분석한 자료를 통해 해당 기종의 향후 판매 경향과 판매 가능 규모를 예측한다.

피스톤 항공기의 경우 범용 항공기 시장의 대부분을 점유하고 있으며 민간 항공기 시장의 저변을 형성하고 있는 시장으로서, 경제 성장과 함께 지속적으로 성장해 왔으나 최근 유가 급등 및 가장 큰 시장인 미국에서 발생한 서브프라임 모기지 등의 사건으로 항공기 판매가 최근 급격히 감소하였다.

또한, 고효율 터보프롭기 및 소형 비즈니스 제트기(VLJ) 등과의 경쟁도 심화되면서 소폭 하락세가 이어질 것으로 예상되며, 이후 다시 시장 규모가 성장하면서 안정적 규모로 유지될 전망이다.

또한 항공기 제작사별로 판매 실적 및 전망을 예측하여 경쟁 기종을 도출하고 판매 가격, 성능을 비교 분석하여 최적의 목표 요구 사양을 도출하게 되며, 항공기 운영에 필요한 운용비용 분석 및 운용 목적(개인 소유 자가용, 훈련용, 전세기용, 유틸리티용, 에어 택시용 등)을 확정하게 된다. 그림 2-6에 보여진 것처럼 소형 항공기급의 경우 개인 소유 자가용 형태의 운용이 75%로 가장 큰 비율을 차지하고 있다.

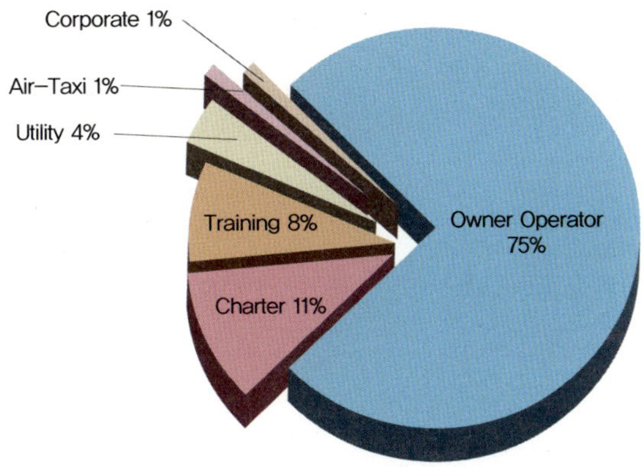

• 그림 2-6 • **단발 피스톤 항공기의 운용 형태 분석**

따라서 분석 결과를 바탕으로 운용 형태는 개인 소유 자가용을 목표로 하며 국내 여건을 고려하여 훈련용, 에어 택시 및 전세기용으로도 적용 가능하도록 할 것이며, 고객의 목소리(VOC, Voice of Customer) 반영을 통해 범용 항공기 시장 요구에 부합하도록 하였다.

고유가 시대에 시장 분석에서 운용비용(Operating Cost)은 고려하지 않을 수 없는 중요한 요소이다. 항공기 운용비용은 크게 7개 항목으로 분류할 수 있다. 본 운용비용의 기준은 민간 항공기 분야에서 일반적인 분석 기준으로 제시하는 B & CA(Business and Commercial Aviation) 자료를 기준으로 하였다.

① Mission Cost : 300 nm, 600 nm, 1,000 nm 임무 수행에 따른 직접비용을 의미하며 Mile 단위 비용으로 환산하여 사용하기도 한다.

② Variable Cost : 연료비, 시간당 정비비용, Service Center 정비 노무비, 계획된 부품 교체비, 기타(Landing Fee, Catering, Cabin Supplies 등)

③ Fixed Annual Cost : Hull, Liability Insurance, 정비 소프트웨어, 기타 서비스 비용

④ Periodic Cost : 엔진 Overhaul, 기체 수리 및 인테리어 교체비용

⑤ Personnel Cost : 기장 급여

⑥ Training Cost : 조종사 및 정비사 훈련비용

⑦ Facilities Cost : Hangar, Office 비용

운용비용(Operating Cost) 비교 분석을 위해서 시간 단위, 거리 단위 및 좌석당 거리 단위로 구별할 수 있다. 아래 표 2-2에서는 항공기 엔진에 따른 기종별 시간당 운영비를 분류하여 분석하였다.

• 표 2-2 • 기종별 운용비용 비교 예

항공기 분류	시간당 운용비용(U.S $)
단발 피스톤	300~500
쌍발 피스톤	800~1,000
단발 터보프롭	700~1,200
쌍발 소형 터보프롭	1,000~1,800
쌍발 중형 터보프롭(19인승 이하)	1,500~2,000
Very Light Jet	1,000~1,600
Small Biz Jet	2,000~3,000
Medium Biz Jet	3,000~4,700

(2) 경쟁 기종 분석

개발 대상 항공기의 시장 분석을 통해 목표 시장 정의(Market Positioning)가 완료되면, 앞 장에서도 언급하였듯이 이에 따른 경쟁 기종 분석과 고객 요구를 파악하여 고객 요구(Customer Requirements)를 작성해야 하며, 이 과정은 군용기 및 타 기종급의 항공기 개발과 별로 다르지 않다. 다만 군용 항공기에 비해 세계 시장의 변화가 경제 변화와 같이 빠르게 전환되므로 경쟁 기종의 성능과 고객 선호도를 분석하여, 경쟁 기종과는 차별화되는 항공기 요구 성능 도출이 민항기 개발의 가장 큰 고려 사항이라고 하겠다.

고객 요구 사항으로는 크게 항공기의 성능을 결정하는 엔진과 탑재 장비 옵션에 대한 선호도가 가장 크다. 그림 2-7에서 보듯이 KC-100 항공기의 경쟁 기종은 미국 Cirrus사의 SR-22 터보와 Cessna사의 Cessna 400, 오스트리아 Diamond사의 DA-50이며 DA-50의 경우 개발 프로젝트가 중단된 상태이다.

민간 항공기 개발 시 고객 요구(Customer Needs)를 파악하기 위해 해외 마케팅 전문 업체의 시장 분석 및 설문을 통해 파악하기도 하고, 항공기 제작사의 축적된 마케팅 데이터를 활용하여 시장 변화를 분석하여 적용하기도 한다.

KC-100은 해외 및 국내의 고객 선호도 파악을 위해 한국항공대학교의 위탁 연구와 해외 전문 기관의 용역을 통하여 얻은 분석 결과를 항공기 고객 요구도에 적용하였다. 특히 터보차저 엔진의 장착, 항공기의 탑재 장비, 비상 기체 낙하산(Airframe Parachute System) 장착, 전자식 엔진

SR-22

Cessna 400

DA-50

• 그림 2-7 • **경쟁 기종 현황**

제어 장치(FADEC, Full Authority Digital Engine Control) 등의 적용에 대한 사항은 비교 연구(Tradeoff Study)를 통하여 고객 선호도와 기술적 고려 사항을 연구하여 최종 결과를 적용하였다.

(3) 운용 규정 분석

민간 항공기는 국제적 운항 규정에 따라 국내외 공항을 이용함으로 항공기 개발자는 항공기 설계 기술 기준 이외에 항공기 운항 규정에 적합하도록 개발하여야 한다. 물론 운항 규정을 만족하는 것은 항공기 운영자의 몫이지만 운영자는 개발된 항공기를 구매하는 주요 고객임을 명심해야 한다. 운항 기술 기준을 적용하는 목적은 항공기를 운영하는 데 있어 최소의 안전 기준을 규정하여 안전 운항을 확보하는 데 있다. 항공기를 운영하는 데 있어 만족해야 하는 규정의 종류는 표 2-3과 같으며 항공기의 최대 이륙 중량, 탑승객 수 및 운항 조건에 따라 각 규정이 다르게 적용된다.

• 표 2-3 • **항공기 운항 규정**

항공기 운항 규정	
국내 규정	운항 기술 기준(Flight Safety Regulation)
국외 규정	• Part 91 – General Operating and Flight Rules • Part 121 – Operating Requirements : Domestic Flag, and Supplemental Operations

국외 규정	• Part 125 – Certification and Operations : Airplanes Having a Seating Capacity of 20 or More Passengers or a Payload Capacity of 6,000 Pounds or More • Part 135 – Operating Requirements : Commuter and On Demand Operations and Rules Governing Persons on Board Such Aircraft

대표적으로 미국연방항공청(FAA)에서 규정한 Part 91과 121이 있으며, 에어 택시(Air Taxi) 운영을 위해서는 Part 135의 규정도 만족해야 한다. KC-100은 Part 23급 항공기 범주에 속하므로 국내 운항 기술 기준 및 Part 91을 만족해야 하며, 시장 분석 결과에 따라 에어 택시 운영자에게 판매할 경우 Part 135의 규정도 만족해야 한다. Part 91의 내용은 표 2-4에 나와 있다.

• 표 2-4 • Part 91 내용 및 검토 예시

Part 91 Subpart		세부 내용
A	General	승객 및 조종사와 운항사에 대한 일반적 규정
B	Flight Rules	승객 및 조종사와 운항사에 대한 일반적 규정과 IFR VFR에 대한 Flight Rule
C	Equipment, Instrument and Certificate Requirements	ELT, 전기, 산소 공급 장치 및 항전 장비에 대한 내용
D	Special Flight Operations	비행 시험 영역, 낙하산, 알래스카 등의 특수 지역 운용
E	Maintenance, Preventive Maintenance and Alteration	정비 관련 내용으로 운영자에 한하여 해당됨
F	Large and Turbine-Powered Multiengine Airplanes and Fractional Ownership Program Aircraft	대형 및 제트기와 Fractional Ownership 운영에 대한 내용으로 해당 사항 없음
G	Additional Equipment and Operating Requirements for Large and Transport Category Aircraft	대상이 대형 및 수송급으로 해당 사항 없음
H	Foreign Aircraft Operations and Operations of U.S.-Registered Civil Aircraft Outside of the United States ; and Rules Governing Persons on Board Such Aircraft	외국 기종에 대한 미국 내 운용 대상이 대형 및 수송급으로 해당 사항 없음
I	Operating Noise Limits	소음 기준(Part 36, 135 연계)
J	Waivers	면책 특권 증명 관련 서류 절차 사항
K	Fractional Ownership Operations	Fractional Ownership 운영에 대한 내용으로 해당 사항 없음
L	Continued Airworthiness and Safety Improvements	엔진 형식이 터빈으로 해당 사항 없음
M	Special Fedral Aviation Regulations	특정 지역 비행에 대한 내용으로 해당 사항 없음

2 요구도 분석(Requirement Analysis)

(1) 요구도(Requirements) 개요

앞에서 설명한 사업적 목표와 KC-100의 개발 방향을 바탕으로 요구도 분석을 수행하였다. 요구도 분석을 통한 설계 목표 설정에서부터 항공기의 형상 도출을 위해서는 기능적인 분석 · 할당과 수차례의 반복 설계가 필요하며, 그림 2-8은 그와 같은 과정을 보여 주고 있다.

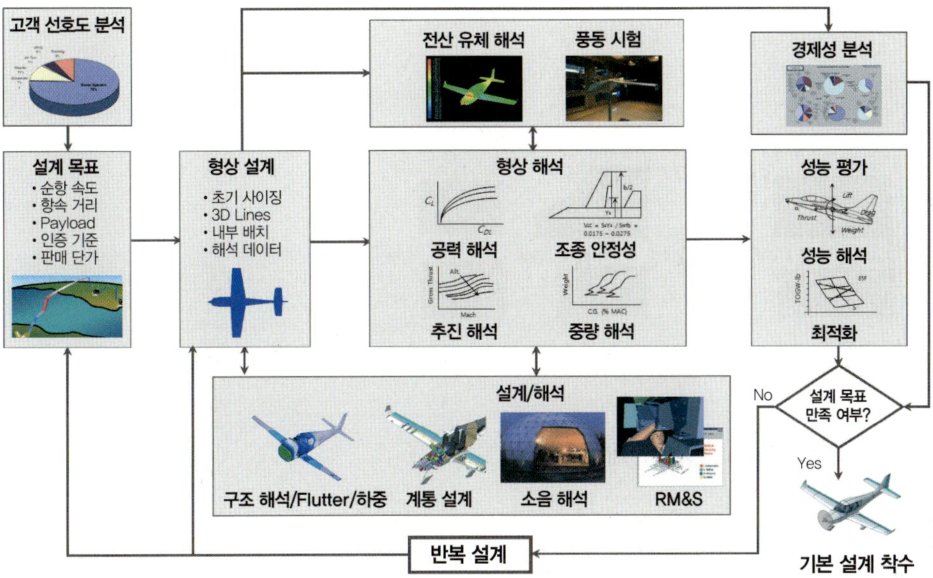

• 그림 2-8 • 항공기 형상 설계 과정

이 과정에서 중요한 사항이 설계 목표를 설정하기 위한 고객 선호도 분석이다. 그림 2-9는 KC-100 개발에서 수행한 고객 선호도 분석의 과정을 보여 주고 있다.

먼저 첫 번째 단계로 민간 항공기 개발 경험을 가진 해외 업체와의 공동 연구를 통해 고객 선호도 분석의 방법론, 기본 방향 그리고 Desk Study에 의한 고객 선호도 분석을 실시하였다.

두 번째 단계로 학계의 위탁 연구를 통해 고객 선호도를 구체적으로 분석하였다. 이 단계에서는 항공기 운용 경험이 있는 조종사의 의견 청취를 반영하였다.

마지막 세 번째 단계로 시장 분석 전문 기관 용역을 통해 개별 고객 설문을 통해 시장 · 고객 · 요구도 분석을 더욱 구체화하였다. 이와 같은 과정에서 KC-100의 주된 운영 형태는 레저 활동 및 자가용 운송이며 개인 고객(Owner Operator)이 주된 고객층이 되고, 이 분석 결과를 바탕으로 요구도를 설정하였다.

여기서 요구도(Requirement)라는 용어를 사용하고 있지만 군용기 개발 시 계약 관계에서

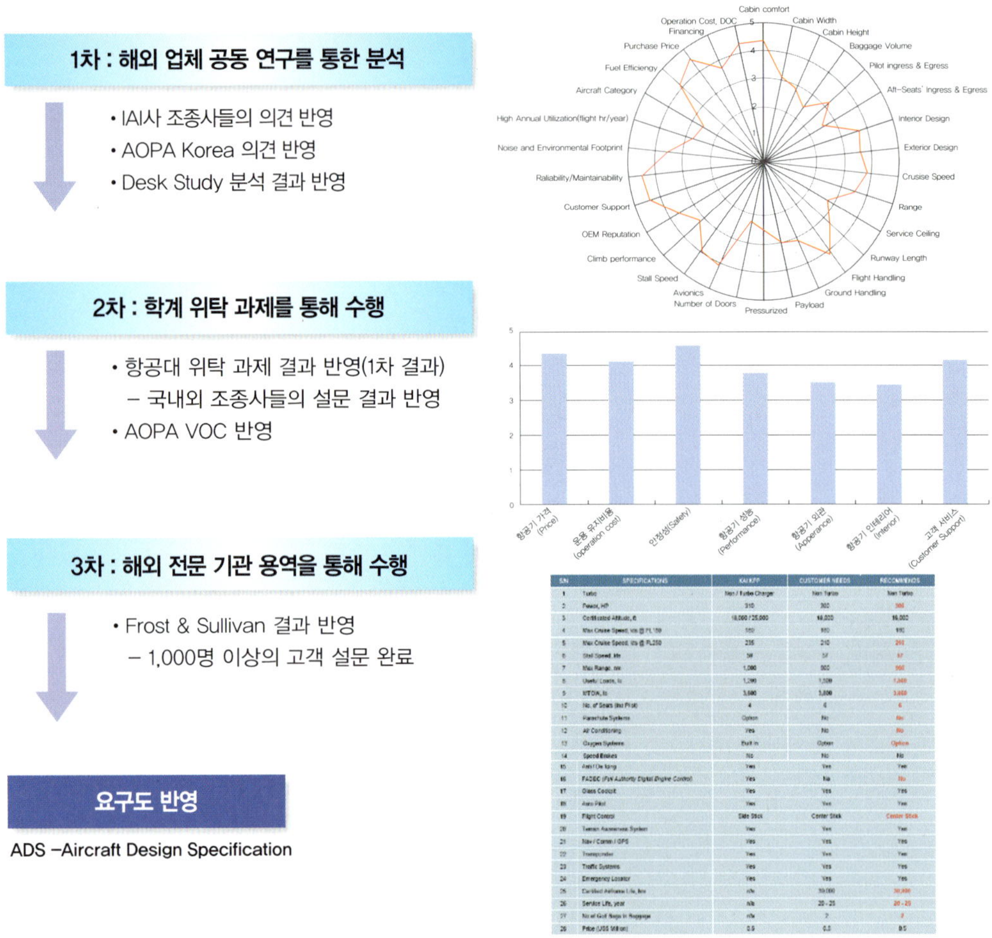

• 그림 2-9 • **고객 선호도 분석 과정**

나타나는 요구도의 개념보다는 설계 목표(Design Target 혹은 Design Goal)라고 칭하는 편이 의미 전달을 명확히 하는 용어로 생각된다. 하지만 개발 과정을 설명하는 과정인 SE Process 상에서는 통상 요구도라고 표현한다.

민항기 개발에서 요구도는 요구도 분석(Requirement Analysis)과 요구도 할당(Requirement Allocation) 과정에서는 개정을 거듭하지만 고객에게 항공기 공개 시(ATO, Authorization To Offer)에는 구체적이고 확정적이야 한다.

그리고 많은 경우 혁신적인 변화를 통해 새로운 제품을 개발하는 것보다는 시장에 출시된 제품보다 경쟁 우위 설계를 통하는 방법이 효과적일 수 있다. 그림 2-10은 항공기의 대표적인 성능을 지표화(Productivity)하여 경쟁 기종 분석을 통해 경쟁 우위 설계(Dominant Design)가 가능한 거시적 목표를 보여 주고 있다.

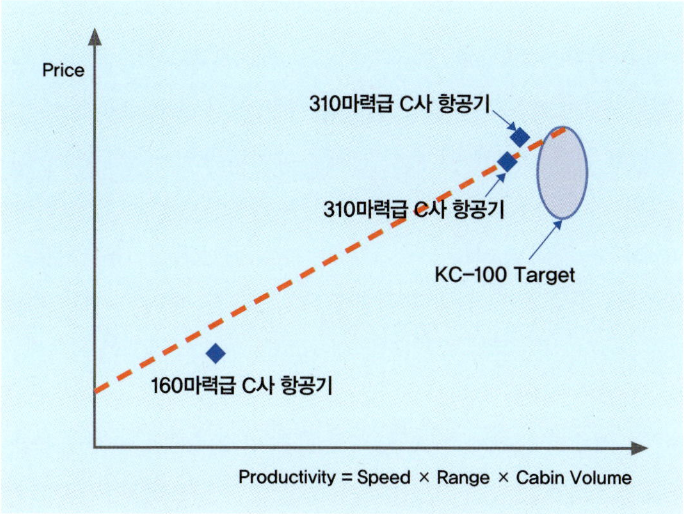

• 그림 2-10 • 항공기 시장 목표(Market Target)

앞에서 언급한 바와 같이 항공기 공개 시점에서 요구도가 확정되기까지는 분석-할당 간 수차례의 반복과 개정이 필연적이다.

그림 2-11은 이와 같은 과정을 보여 주고 있다. 초기에 정한 사업적 목표, 시장 상황, 개별 고객 선호도, 경쟁 기종 분석 등을 바탕으로 수차례의 비교 연구를 수행하여 요구도를 생성하고, 요구도를 충족시키는 형상 설계와 기능 할당을 수행하면서 KC-100의 개발 요구도를

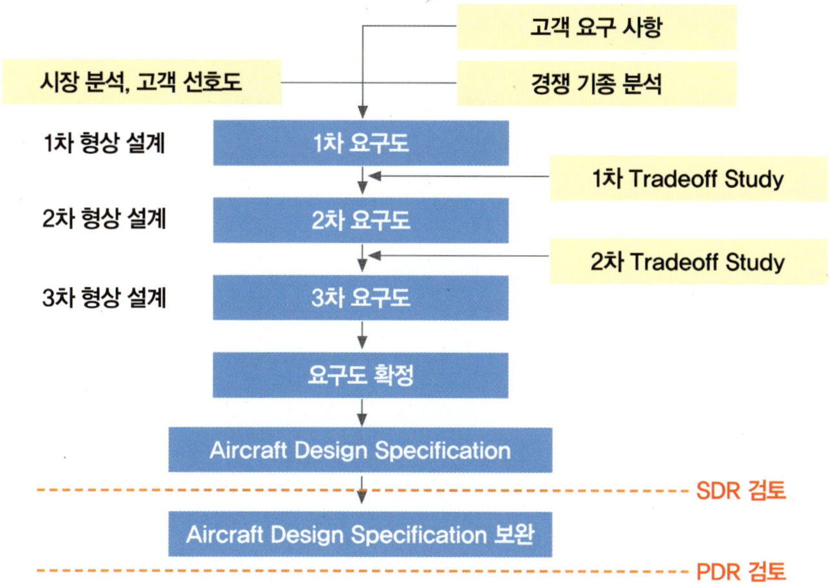

• 그림 2-11 • 요구도 분석 및 정의 과정

항공기 설계 규격(ADS, Aircraft Design Specification)으로 정리하여 관리하였다.

ADS는 체계 설계 검토 회의(SDR, System Design Review)를 통해 최상위 수준의 요구도 설정이 적절함을 확인하였으며, 기본 설계 검토 회의(PDR, Preliminary Design Review)를 통해 기능 할당의 적절성과 설계 구현에 대해서 검토를 수행하였다.

민간 항공기 개발 시 SE 프로세스상 중요한 제약 조건(Constraint) 중 하나가 법규적 요구 조건을 충족해야 한다는 것이다. 서론에서 언급한 바와 같이 KC-100 개발을 위한 법규적 요구 조건에는 Part 23을 주축으로 하는 형식 증명(TC, Type Certificate) 관련 기술 기준, 제작 증명(PC, Production Certificate), 감항 증명(AC, Airworthiness Certificate) 획득에 필요한 관련 인증 기준이 존재하고 있다.

이와 같은 법규적 테두리 내에서 설계 요구 조건을 만족시키기 위한 효율적인 관리 도구가 필요로 하며, 항공 업체별로 다양한 도구를 활용하고 있는 것으로 파악되었다. KC-100의 경우 선진 업체의 사례 조사 및 전문가 자문을 통하여 고객 요구 조건(성능 요구 조건)과 법규적 요구 조건을 이원화하여 관리하는 것이 효율적이라고 판단하여 그림 2-12와 같이 고객 요구도(성능 요구도)는 항공기 설계 규격(ADS)으로, 법규적 요구 조건을 포함한 인증 획득을 위한 제반 사항은 인증 계획서(CP, Certification Plan)로 정리하여 관리하였다.

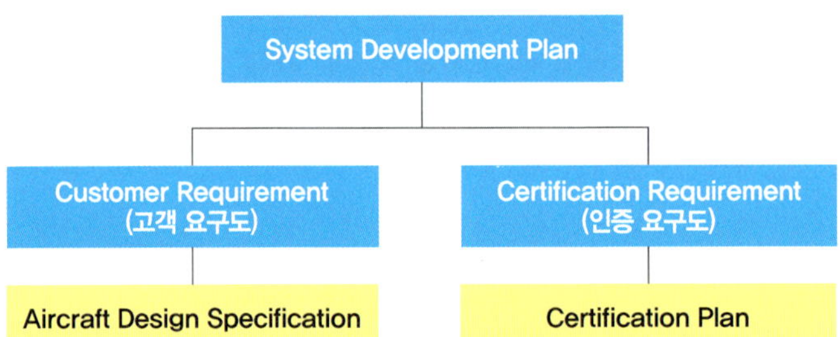

• 그림 2-12 • KC-100 항공기 요구도 구분

(2) 특화 기술 요구도(Specialty Requirements)

앞에서 요약한 바와 같이 요구도를 크게 고객의 기대에 부응하기 위한 고객 요구도와 법규 및 규정에서 요구하고 있는 바를 충족하기 위한 인증 요구도로 나누었다. 이러한 요구도는 항공기 설계 시 개발을 통해 설계되는 제품이 충족해야 할 요구 성능 또는 제약 조건(Constraints)들의 정의이며 SE 프로세스상의 핵심 요소 중 하나이다. 이러한 요구도 중에서 설계 기능에 의해 정의되는 성능 요구 조건이 아닌 설계 제약 조건으로 작용되는 요구 조건이 있으며, 특화 기술 분야(Specialty Engineering)에서 도출되어 요구되는 사항들이다.

민항기 개발 SE 프로세스상에서 중요한 사항으로는 인증(Certification), 중량 특성(Mass Properties), 인적 요소(Human Factors), 신뢰성(Reliability), 정비성(Maintainability), 안전성

(Safety), 환경(Environments) 등이 그 대상인데 인증(Certification), 안전성(Safety) 그리고 소프트웨어(Software)는 매우 중요한 사항으로 별도 장에서 기술하기로 하고 나머지 특화 기술에 대해서 간략히 요약해 보자.

(3) 인증(Certification)

국내의 경우 인증 당국은 국토교통부이며, 전문 검사 기관으로 지정된 한국항공우주연구원 인증 센터가 위임된 업무를 수행한다. 인증 당국의 일반적인 영문 명칭은 CASA(Civil Aviation Safety Authority)인데 국내는 국토교통부 내 항공정책실이며, 영문으로는 KOCA(Korea Office of Civil Aviation)이다. 그리고 한국항공우주연구원의 인증 센터는 영문으로 통상 KCA(Korea Certification Agency)라고 한다. 그리고 국내에서 개발하여 해외로 수출하기 위해서는 수입국 인증 당국의 법적 처분을 받아야 하며, 미국의 경우 FAA(Federal Aviation Administration)인데, 상세한 사항은 인증 부분에서 다루고 있다.

민항기를 개발하여 궁극적으로 운항을 할 수 있을 때까지 많은 법적, 제도적 요구 조건이 뒤따른다. 국내의 경우 크게 항공법, 시행령, 시행 규칙, 지침, 기술 기준으로 구성되어 있다. 항공기 설계를 위해서는 관련 기술 기준 KAS Part만 참조하는 것이 아니라 항공기 운항 기술 기준 및 항공법/시행령/시행 규칙/지침에서 요구되는 사항들을 면밀히 검토하여 설계에 적용하여야 한다.

(4) 중량 특성(Mass Properties)

중량 특성이라 함은 항공기 중량, 평형, 관성 모멘트(MOI, Moment of Inertia)를 지칭하며, 무엇보다 중량 관리는 민항기 개발에서 중요한 요소 중 하나이고 군용기에서와 대별되는 용어들은 다음에 설명되어 있고, 그림 2-13에 도식화되어 있다. AC23-8C의 "중량 한계(Weight Limits)" 장의 설명에 의하면 항공기의 최대 중량(Maximum Weight)은 일반적으로 3가지 측면에서 제한되는데, 설계자(인증 신청자)의 선언, 구조 설계 요구 조건, 비행 요구 조건이다.

① **최대 지상 중량(Maximum Ramp Weight)** : 항공기 이륙 직전까지 지상 운용 시에 허용되는 최대 중량을 의미한다. AC23-8C를 보면 상세한 내용을 알 수 있다.

② **최대 이륙 중량(MTOW, Maximum Take Off Weight)** : 이륙을 위한 활주를 포함한 이륙 시 허용되는 최대 중량이다. Part 23, 25에 인증이 허용되는 최대 중량(Maximum Weight)과 관련하여 반드시 충족해야 할 요구 조건을 기술하고 있다.

③ **최대 착륙 중량(Maximum Landing Weight)** : 착륙을 위한 접지 시 허용되는 최대 중량이다. §23.473에 이와 관련된 요구 조건이 기술되어 있다.

④ **최대 무연료 중량(Maximum Zero Fuel Weight)** : 연료 탑재 없이 구조가 견디는 최대 중량이다. 여기는 항공기 공허 중량(Empty Weight)에 승객과 수하물이 포함된다. §23.343에

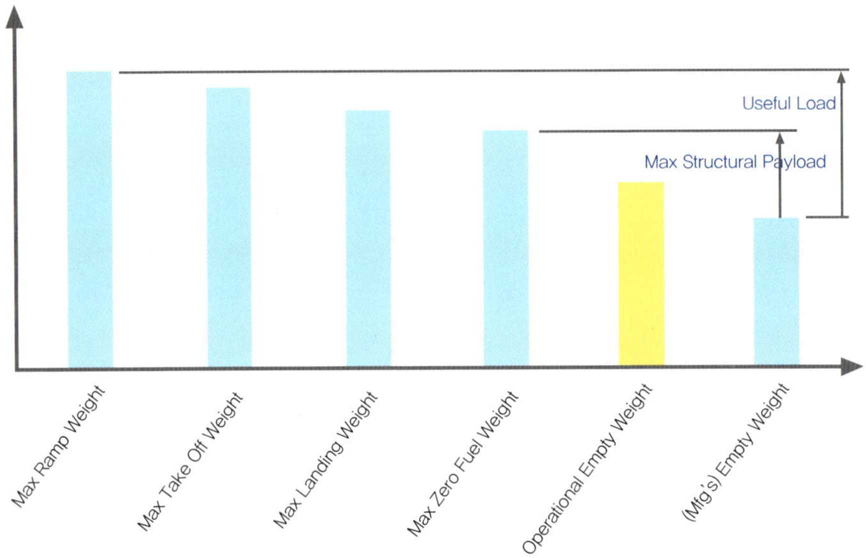

• 그림 2-13 • **항공기 중량 정의**

관련 요구 조건이 나온다.

⑤ **운용 공허 중량(Operational Empty Weight)** : 항공기 공허 중량(Empty Weight)에서 운항에 요구되는 승무원을 포함한 중량으로 KC-100과 같은 소형 항공기에서는 사용되지 않는 용어이다.

⑥ **공허 중량(Empty Weight)** : 상기 운용 공허 중량과 대별해서 제작사 공허 중량(Manufacturer's Empty Weight)이라고 하며 사용 불가 연료(Unusable Fuel), 오일, 항공기 운용에 필요한 유체 등을 포함하는 항공기의 자체 중량을 의미한다. §23.29에 관련 요구 조건이 나온다.

⑦ **유용 하중(Useful Load)** : 최대 지상 중량(Maximum Ramp Weight)에서 공허 중량을 뺀 중량으로 승객 탑승과 연료 탑재에 이용할 수 있는 중량이다. 유용 하중의 극대화 설계가 민항기 경쟁력의 핵심 요소 중 하나이다. 따라서, 공허 중량이 최소화되도록 설계하는 것이 매우 중요하며 이를 위해 개발 초기 단계에서부터 중량 예측, 할당, 관리하는 것이 필요하다.

(5) 치수(Dimensions)

공항 시설, 제조 공장, 납품 운송 등의 요인에 의해 설정되는 제약 조건이다.

(6) 신뢰성(Reliability)

항공기 가동률로 대변되며 장비들의 고장 간 평균 시간(MTBF, Mean Time Between Failures) 등의 변수에 의해 좌우된다.

(7) 인적 요소(Human Factors)

SE에 있어서 인간은 체계(System)의 일부로서 그리고 체계와 인터페이스하는 주체로서 다루어져야 한다. 신체 크기, 시야, 출입, 인지, PVI(Pilot Vehicle Interface) 등 인체공학적 설계 고려 사항들이다.

(8) 환경(Environments)

온도, 고도, 충격, 진동, 전자파 등 항공기가 만날 수 있는 환경 조건에 대한 설계 고려 사항들이다. 일반적으로 이러한 환경 조건에 부합하기 위하여 RTCA/DO-160 충족 설계가 요구된다. 그리고 특히 고강도 전자기장(HIRF, High Intensity Radiated Field), 낙뢰 및 결빙 환경에 대한 영향성과 입증은 별도로 중요하게 다루어야 할 대상이다.

(9) 정비성(Maintainability)

항공기상의 정비 대상 품목뿐만 아니라 정비를 위한 장비 요구 조건에 의해 제약되는 정비성에 대한 설계 고려 사항을 의미한다. 법규상에는 §23.611 접근성(Accessibility Provisions) 정도로 요구되고 있지만 항공기 운용 전반에 걸쳐서 정량적, 정성적으로 방대한 사항들이 포함되므로 면밀한 검토가 요구된다.

(10) 설계 표준(Design Standards)

일반적으로 회사의 정책으로 설정해 놓고 따라야 하는 설계 표준도 설계상의 제약 조건으로 작용되므로 확인해서 적용 방향을 결정해야 한다.

(11) 소음(Emitted Noise)

법규에 의해서이건 고객 요구도에 의해서이건 충족해야 할 내외부 요구 조건이 존재하게 되므로 소음원(Source) 관리, 소음 차단, 능동적 소음 제어에 대한 검토 및 설계 반영이 필요하다.

(12) 전자기 간섭(EMI, Electro-Magnetic Interference)

환경(Environments) 분야에서도 다루어지지만 항공기 수준의 관리를 위한 설계 고려가 필요하다.

(13) 비용(Cost)

민항기 경쟁력의 핵심 요소 중 하나이다. 민항기의 사업화를 염두에 둔다면 반드시 설계 요구 조건의 일환으로 관리되어야 하며 원가 절감 설계(Design to cost), 직접 운용비용(Direct operating cost), 개발비(Development cost)가 동시에 고려되어야 한다.

(14) 수송성(Transportability)

가능한 설계 초기에 납품 등을 위한 항공기 이동 방법이 정의되어 항공기 설계 시 고려 사항에 포함되어야 한다. 가령, 한국에서 미국으로 납품 시 직접 비행(Ferry)에 의해 이동할 것인지, 컨테이너 이동을 할 것인지에 따라 분해 · 재조립 요구 조건 설정에 따른 비교 연구가 요구된다.

(15) 확장성(Flexibility and expansion)

항공기의 파생형(Derivatives) 또는 기종 다변화(Family Concept)의 추구에 따라 항공기 설계 시 설계 확장을 위한 고려 조건이 추가로 발생한다. 예를 들어, 최대 이륙 중량을 증대시키는 파생형 개발을 염두에 둔다면 §23.473에 따라 최대 착륙 중량 설정 시 이를 고려해야 하는 것이다.

(16) 생산성(Producibility)

항공기는 공력에서 원하는 이상적인 공력 외표면(Aerodynamic Surface)으로 제작될 수 없다. 예를 들면, 날개 및 동체에는 정비성 요구 조건 충족을 위해 점검창이 필요함과 동시에 제조 공구(Tools) 및 조립 방법에 기인되어 점검창 주위에는 간격의 존재가 요구된다. 생산성(Producibility)을 위해 요구되는 사항들을 식별하여 설계 반영이 필요한 이유이다. KC-100의 경우 외표면 공차 기준서(Surface Smoothness Guideline)의 설정이 공력 설계 요구 조건의 충족을 위한 측면도 있지만 이러한 생산성을 위한 허용 기준 설정의 의미도 있다. SE는 점점 사람(People), 제품(Product), 절차(Process)에 대한 전순기(Life Cycle) 개발(Solution) 개념으로 진화하고 있다. 생산성 요구 조건이 추가되는 것도 절차 설정을 하는 과정이다.

3 기능 분석 및 할당(Functional Analysis and Allocation)

그림 2-14는 효과적인 기능 분석 및 할당을 위해서 KC-100의 WBS(Work Breakdown Structure)에서 항공기 시스템을 ATA Chapter에 맞게 수직으로 분류한 WBS이다.

개발 요구도를 달성하기 위한 기능 분석 · 할당을 위해서 요구도 분석-기능 구현 간 비교 연구를 수행하여 ADS에 의해 하위 시스템별로 요구도를 할당하였다. KC-100 항공기의 기

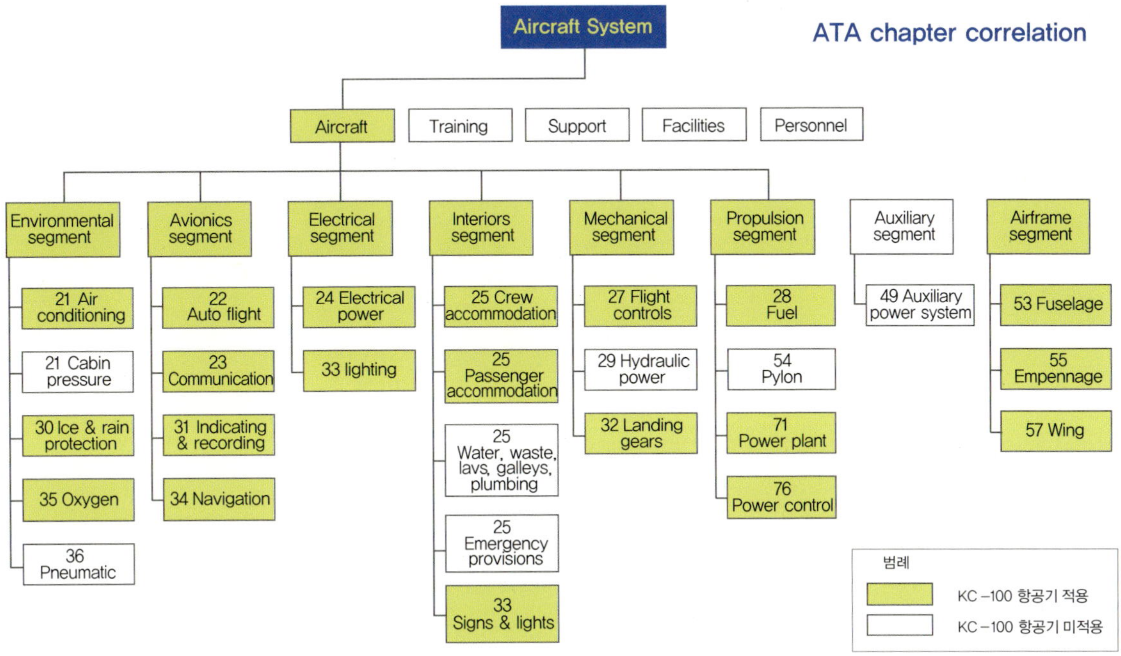

• 그림 2-14 • Work Breakdown Structure

능 분석 과정에서 나타난 특징을 군용 훈련기 개발의 그것과 비교하여 요약한 결과를 표 2-1의 "군용 · 민간 항공기 기술의 특징 비교" 표에서 나타낸 바 있다.

이 표에서 알 수 있듯이 군용 훈련기의 경우 성능 중심의 기능 할당이 필요한 반면 민간 소형기의 경우 법규적 요구 조건을 만족하면서 승객 편의성, 운용 효율성의 극대화를 위한 기능 구성이 필요함을 알 수 있다. 이와 같은 사항은 기능 분석에 앞서 수행한 요구도 분석을 통해서도 알 수 있었던 사항으로 SE 프로세스에서 요구도 분석과 기능 분석의 과정에서 공히 확인한 사항이다.

또한, 군용기에서는 고객 요구도를 충족하기 위해 요구도를 분석하고, 이를 위해 필요한 기능들을 열거하여 이러한 기능들로 고객의 요구도를 충족시킬 수 있는지를 분석하는 반면, 민간 항공기에서는 관련 법규의 궁극적 목적인 최소 안전성을 보장하기 위해 항공기 및 시스템 수준에서의 기능들과 이런 기능들의 상실 혹은 오작동을 고려하여 기능적인 위험을 분석하게 된다. 그리고 분석된 위험들은 기본 설계 단계에서 안전성 목표 혹은 요구 조건으로 할당되게 된다.

ADS에 의한 요구도 관리 계획의 수립 후 작성 형태에 대해서 많은 검토가 필요하였다. 즉, 그림 2-15에서 비교한 바와 같이 ADS를 당사가 군용기 개발 시 수행했던 바와 같이 하부 시스템 수준(Sub System level) 의 설계 규격을 별도로 작성 유지할 것인지를 검토하였다. 검토 결과 구성품 개발 범위가 큰 민항기 개발 시는 하부 시스템 수준의 요구도를 별도의 설계 규격으로 관리하는 것이 효율적이나, KC-100 개발의 경우 많은 부분이 기술 표준품(TSO, Technical Standard Order) 품목으로 개발된 것을 적용하므로 하부 시스템 수준의 설계

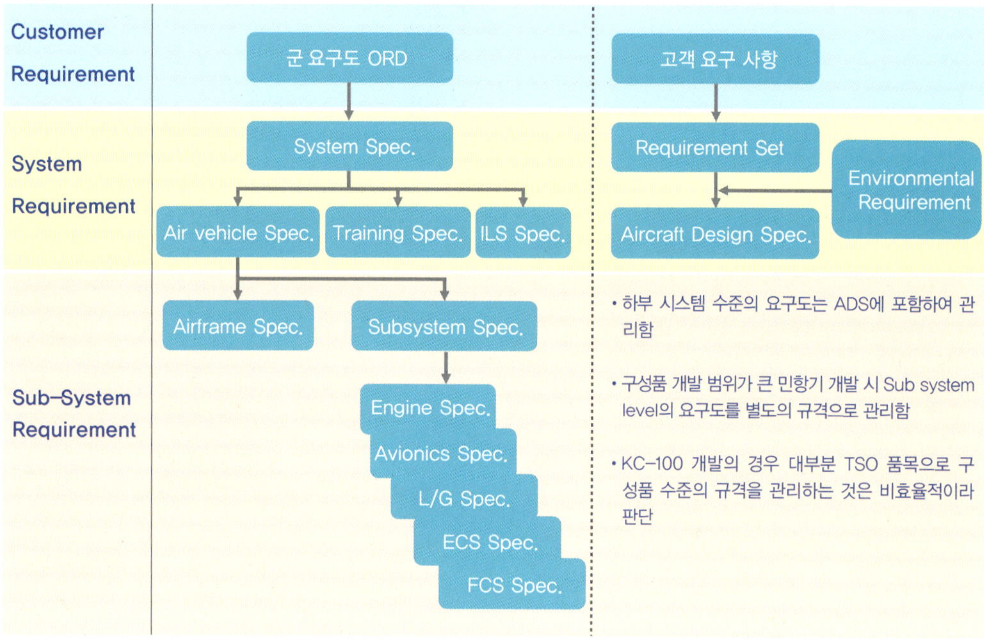

• ORD : Operational Requirement Document • ILS : Integrated Logistic Support

• 그림 2-15 • **군용기 대비 KC-100 요구도 관리 비교**

규격을 작성하여 관리하는 것은 비효율적이라 판단하여, 최상위 수준의 ADS로 통합 관리하는 방안을 채택하였다.

KC-100 항공기 개발 규격(ADS)으로 하부 시스템까지 통합 관리하기 위해서 ADS 내에서 요구도 할당이 필요하였다. 그림 2-16은 하부 시스템별, 단위 업무 조직별, 기능별 할당 결과를 요약하여 보여 주고 있다.

4 설계 통합(Synthesis)

기능별 요구도 할당과 병행하여 형상 개발이라는 이름의 3차례 설계 반복을 통해 기본 설계가 완료된 항공기 형상 도출과 설계 통합(Synthesis)을 수행하였다.

그림 2-17은 요구도의 중요 요소 중 하나인 공력 성능 달성을 위한 항공기 외형 설계 결과이다. KC-100 형상은 엔진 장착 위치, 날개 장착 위치, 꼬리날개 위치, 날개 익형(Air Foil) 등 많은 형상 설계 요소들 간의 비교 연구를 통해, 전통적인 견인식(Tractor Type) 프로펠러 장착과 저익 형상으로 법규에서 요구하는 스핀 저항성(Spin Resistance)을 갖도록 날개 형상과 꼬리날개 형상을 구성하였으며 풍동 시험을 통해 검증을 실시하였다.

KC-100 성능 목표 달성을 위한 주요 기능 중 하나가 항공 전자 시스템과 그것의 장착이

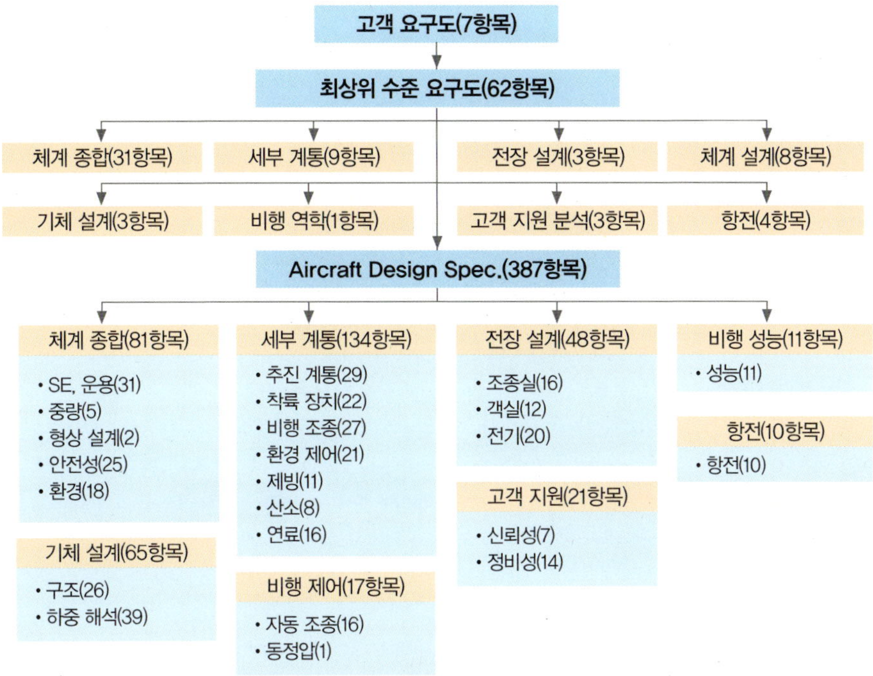

• 그림 2-16 • **요구도 할당(Requirement Allocation)**

다. 전자식 계기(Glass Cockpit) 적용을 요구도로 하는 고객 요구 분석 결과에 부응하여 2개의 통합 비행 시현기(IFD, Integrated Flight Display)를 적용하고, 주 조종석인 좌측 조종석을 기

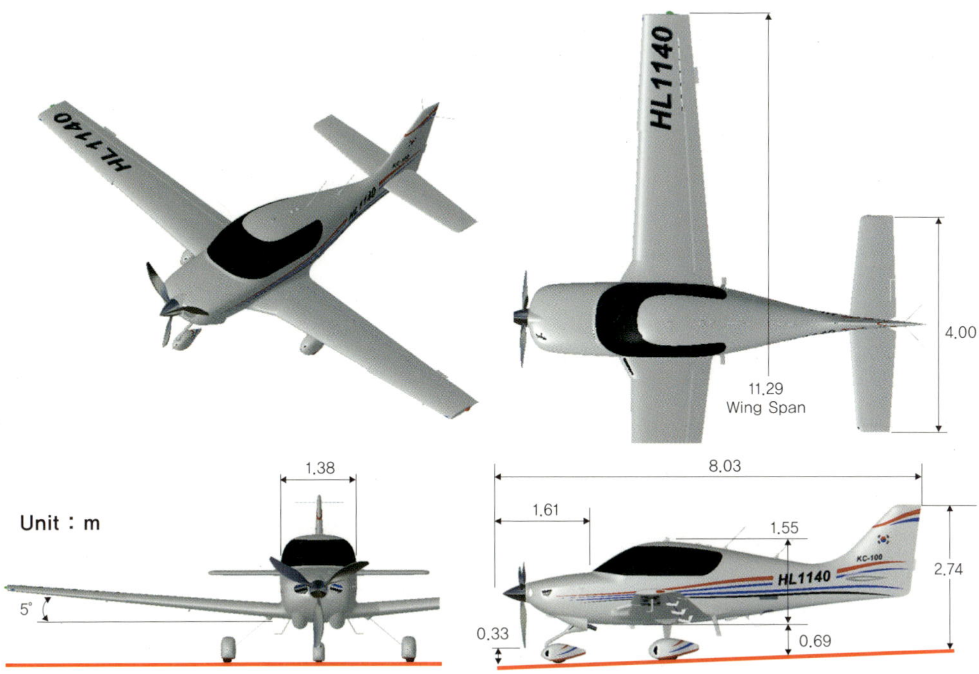

• 그림 2-17 • **KC-100 항공기 3면도**

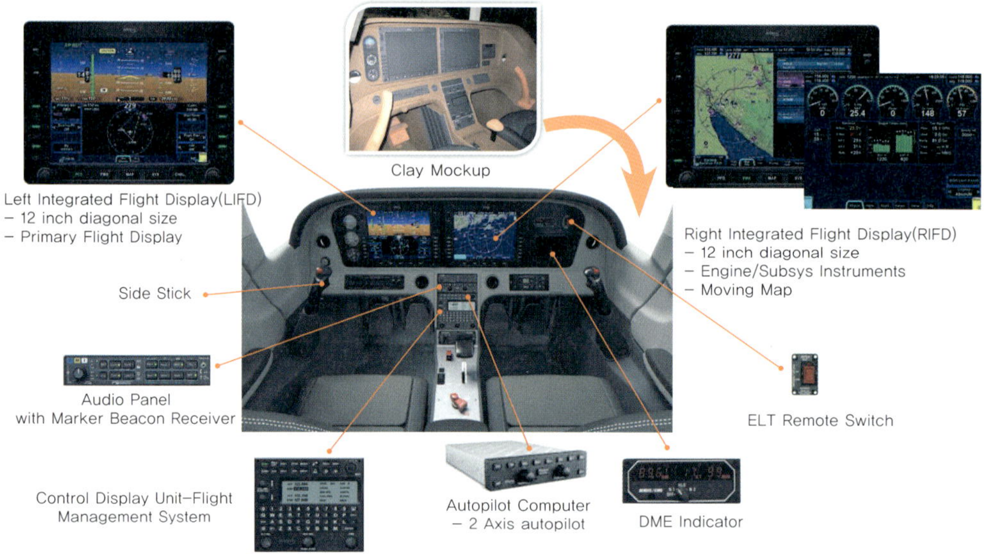

• 그림 2–18 • **KC–100 전자식 계기 배치**

준으로 정면에는 주 비행 시현기(PFD, Primary Flight Display) 우측에는 다기능 시현기(MFD, Multi Function Display)의 기능을 구현하고, 2개의 IFD는 상호 동일하게 시현이 가능하여 상호 백업(Back up)이 가능하므로 신뢰성이 증대되었다. 하지만, 전원 상실 또는 동일 소프트웨어 등과 같은 공통 모드 고장에 의한 동시 고장을 대비하여 예비 계기(Standby Instrument)를 구비하고 있다.

또한, 요구도 분석(고객 분석) 시 전자식 계기(Glass Cockpit)라는 기능적 요구 사항 못지않게 인간공학적 조종실 배치와 인테리어의 감성적 디자인이 요구되었으며 디자인 전문 업체를 통하여 주 고객층의 기호 분석 결과에 맞추어 색상, 재질, 마감(CMF, Color, Material, Finish)를 고려하여 인테리어 디자인을 수행하였고, 그림 2–18 의 중앙부는 조종실 이미지를 보여주고 있다.

5 프로세스 출력(Process Output)

그림 2–19는 개발 기관(개발 업체)의 단계별 개발 과정을 인증 당국 주요 업무 과정과 대비하여 나타내고 있다. 그림에서 알 수 있듯이 개발 과정은 개념 설계, 기본 설계, 상세 설계, 시제작, 시험 평가의 과정을 거치는 일반적 항공기 개발 SE 프로세스와 동일하게 KC–100 개발도 계획 및 실행하고 있다.

다만 근래의 경우 군용기조차도 그렇듯이 인증 당국으로부터 인증 획득 행위가 반드시 필요하게 되고 인증 신청, 인증 기준 확정, 인증 이행 등의 과정을 거치는 인증 활동 계획이 수

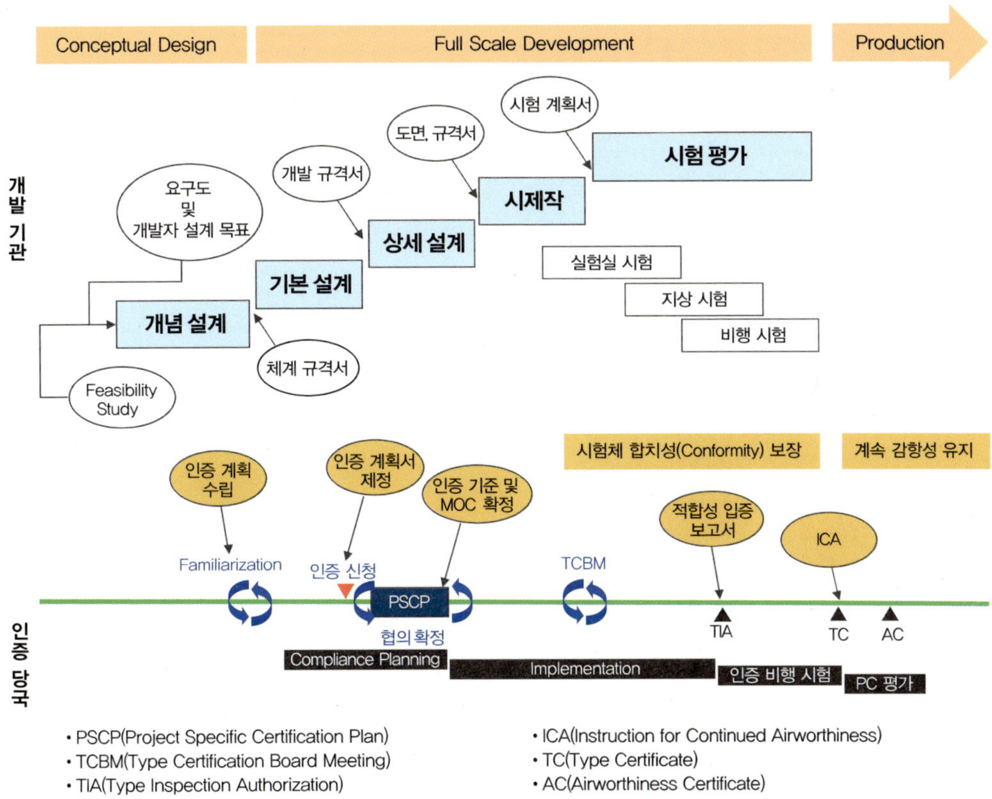

• 그림 2-19 • **단계별 개발 과정과 인증 당국과의 주요 업무**

반되어야 한다.

항공기의 의도된 성능 추구라는 본연의 SE 프로세스 목적을 염두에 두고, KC-100 개발을 계획하고 실행하는 과정에서 효과적인 SE 프로세스 구축을 위해 그동안 군용기 개발 경험을 바탕으로 KC-100의 개발 과정을 기술하였다. 실제로 개발 주요 단계를 상호 대칭시킬 수 있을 만큼 전체적인 관점(Holistic View)에서 보면 많은 유사성을 가지고 있음을 알 수 있다. 즉, 군용기 개발 경험이 민항기 개발에 많은 접목이 될 수 있음을 짐작하게 하는 대목이다.

요구도 검증의 경우 KC-100 ADS에서 정의하고 있는 요구도 항목별 입증 방법(MOC, Means of Compliance)에 따라 수행된다. 해당 입증 방법들은 인증 기준의 하나인 기술 기준(예, KAS Part 23)을 만족하는지 여부를 보여 주는 입증 방법과 동일한 방식으로 진행된다. 항공기 성능 확인을 위한 시험 평가와 법규 충족 여부를 확인하기 위한 적합성 입증(Showing Compliance) 행위는 개발 과정 그 자체가 된다. 하지만, KC-100 개발의 효율적 요구도 분석 · 관리를 위해서 ADS와 인증 계획서(Certification Plan)로 성능적 요구 조건과 법규적 요구 조건을 구분 관리하는 것과 같이 요구도의 성능 확인은 개발 시험으로, 법규에 대한 적합성 입증은 인증 시험으로 구분하여 최종 확인한다.

04 설계 방법 및 도구

동시공학 설계를 위한 절차, 자료의 생성, 획득, 변경, 관리의 일관성 유지와 지식 기반 설계 및 엔지니어링 효율화를 통한 고품질 설계 구현을 위해 설계 시스템 구축은 필수적이다. 다행히 KC-100의 경우 기존의 항공기 개발 경험에 힘입어 설계 시스템 구축이 상대적으로 쉬웠다고 판단된다.

설계 시스템의 경우 크게 개발 정보 관리 시스템과 CAD 시스템으로 구분할 수 있는데, 당사에서 사용해 온 시스템 현황은 표 2-5와 같다.

• 표 2-5 • **사업별 설계 및 통합 시스템**

사 업	설계 시스템(CAD)	통합 시스템(PLM)	비 고
T-50	CATIA V4(DS)	PDM(UG)	공군
KT-1	CATIA V4(DS)	ENOVIA VPM(DS)	공군
UAV	CATIA V5(DS)	SMART TEAM(DS)	공군
429M*	CATIA V4(DS) → V5	CDM(DS) → ENOVIA	Bell
KUH	CATIA V5(DS)	Team Center PLM(UG)	육군
B787	CATIA V5(DS)	ENOVIALCA(DS)	Boeing

※ DS : Dassault System, UG : Uni Graphics
* Bell의 경우 V5 적용 사업에 대해서는 ENOVIA 사용

KC-100의 개발 정보 관리 시스템은, 기존 개발 사례와 최신 적용되어 구축된 KUH의 Team Center 시스템을 고려하는 것이 개발 위험과 개발비용을 최소화할 수 있다고 판단하여 개발 정보 관리(Data Management)는 ENOVIA VPM, PLM은 Team Center를 사용하기로 결정하였다.

그리고 도면 작성 및 해석의 오류를 최소화하고, 작성 시간(Lead Time)을 줄일 수 있는 3D 기반 MBD(Model Based Definition)을 채택하였다. MBD는 그림 2-20과 같이 3차원 모델상에 제품의 주요 형상, 치수, 생산, 검사에 필요한 모든 정보를 표현하여 3차원 데이터와 2차원 도면 간의 불일치 가능성을 근원적으로 해소하여 신뢰성을 확보하는 장점과 종이 없는(Paperless) 현장을 추구할 수 있다.

보잉(Boeing)사의 경우 MBD 적용으로 25%의 설계 리드 타임 축소와 2D/3D 불일치로 인한 설계 변경을 25% 줄일 수 있었다고 한다.

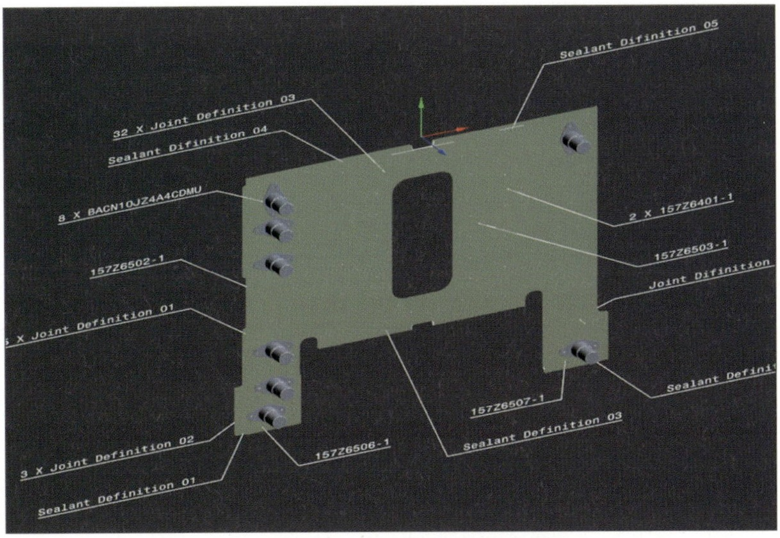

• 그림 2-20 • 3D MBD 도면 예(조립)

이처럼 MBD를 KC-100 개발에 적용할 수 있었던 요인 중 하나는 3D PDF 덕택이었다. MBD 적용으로 종이 없는 현장이 가능하였지만 모든 현장에 CATIA 터미널(Terminal)을 보급하여 운용하는 것은 비용이 과다하게 소요되므로 개발된 Adobe Reader와 3DVIA라는 소프트웨어 적용으로 그림 2-21과 같이 MBD로 작성된 3차원 도면이 개인용 컴퓨터나 노트북 컴퓨터에서 확인이 가능하게 되었다.

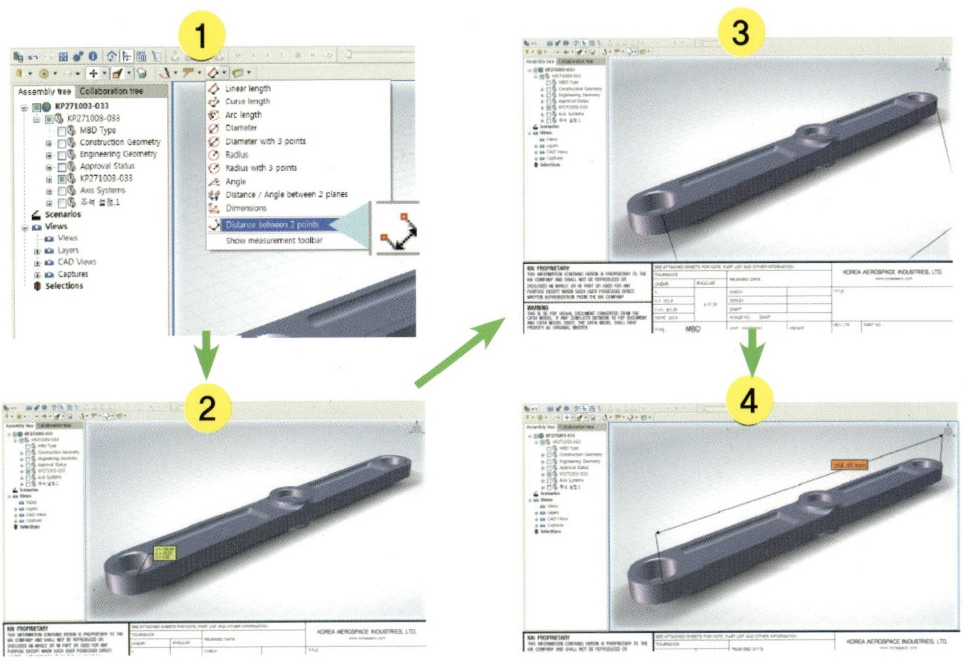

• 그림 2-21 • 3D PDF 도면 예(부품)

05 관리 및 통제

항공기 개발을 종합 관리하는 측면에서 SE 절차상 관리 및 통제 수단에는 많은 것들이 있으며 형상 관리, 위험 관리, 기술 자료 관리, 일정 관리, 기술 성능 지표(TPM, Technical Performance Measurement) 관리, 설계 검토 등이 그 예이다. 전통적으로 적용하고 사용하는 것을 바탕으로 KC-100 개발을 통해 고민했던 SE 관리 및 통제 방법에 대한 것들을 위주로 정리하였다.

1 자료 관리(Documentation)

자료 관리는 항공기 개발을 위한 SE에서 중요한 매개체라는 데는 이견이 없을 것이다. KC-100 개발 시에는 군용기개발사업단(Program Office)에서 요구하는 방대한 자료들을 작성하는 대신 필수 자료만 간결하게 작성하는 방향으로 관리하였다.

(1) 문서 트리(Document Tree)

그림 2-22의 문서 트리는 개발 초기에 계획한 기술 문서들의 전체 현황 및 종류와 문서번호 체계를 위해 분류한 현황이다.

개발이 완료되면 형식 증명(TC)을 받게 되고 형식 증명의 실체는 형식 설계(Type Design)이다. 형식 설계는 형식 설계 정의서(TDD, Type Design Definition) 문서로 종합되어 있으며, 인증 당국으로부터 승인받은 도면, 재료 · 공정 규격서, 기술 교범이 그 내용이다.

(2) 단위계 선정

CAD 시스템, 기술 자료 생성, 개발 문서 등에 적용할 단위계를 선정하는 데 있어서 많은 고려 요인들을 검토한 끝에 훈령 제225호 별표 2의 항공기 등의 형식 증명 자료집 작성 지침인 "물리 단위는 SI 단위계(International System of Unit)의 사용을 원칙으로 하되, 필요하다고 판단되는 경우 foot, pound 단위도 병기하며, 이때 단위 환산 기준은 국제민간항공조약 부속서 5를 따른다"에 의거 SI 단위계를 적용하였다.

(3) 형상 기술 문서(CDD, Configuration Description Document)

항공기 형상 개발 결과물을 정리한 문서이다. KC-100의 경우 기본 설계 착수 시점 이전

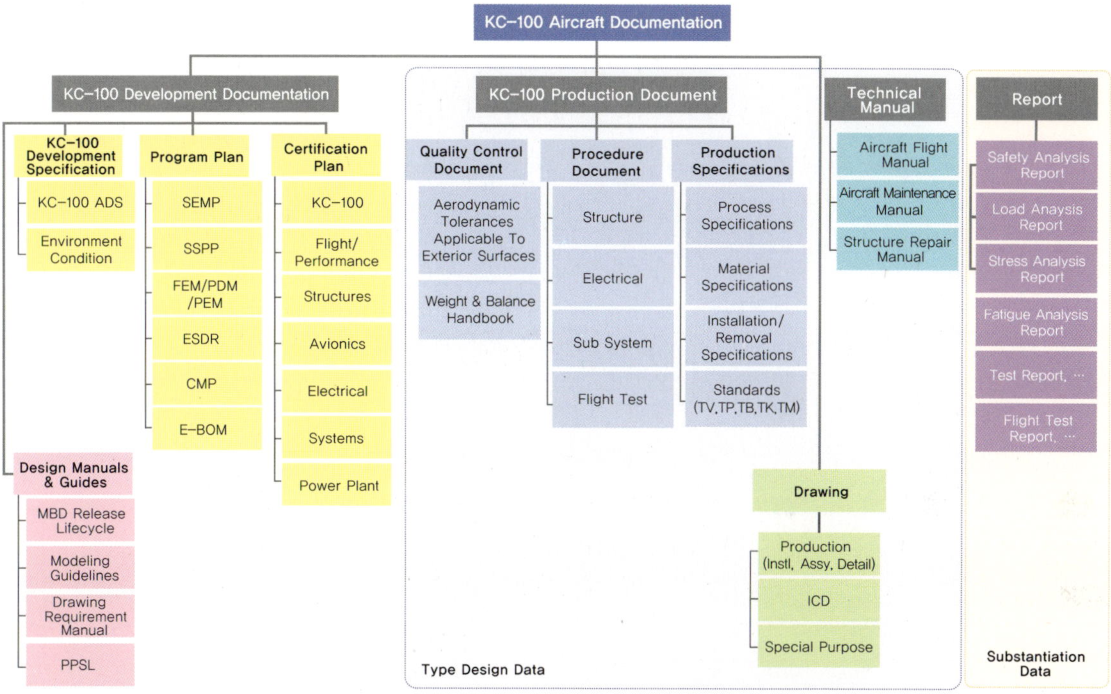

- SEMP(System Engineering Management Plan)
- SSPP(System Safety Program Plan)
- ESDR(Engineering Source Data Requirement)
- CMP(Configuration Management Plan)
- E-BoM(Engineering Bill of Materal)
- PPSL(Program Parts Selection List)
- ICD(Interface Control Document)
- FEM(Function-group Engineering Memo)
- PDM(Program Direction Memo)
- PEM(Program Engineering Memo)

• 그림 2-22 • KC-100 Document Tree

까지 3번의 공식적인 반복 설계(Design Iteration)와 풍동 시험 결과를 반영하는 추가의 반복 설계를 수행하였다. 앞서 언급한 바와 같이 SE 프로세스에서 입력, 요구도 분석, 기능 분석 및 할당은 반복해서 구체화되는데, 형상 기술 문서(CDD)가 그 결과물을 자료화한 것이다.

(4) ESDR(Engineering Source Data Requirement)

각 기능별 개발에 필요한 자료에 대한 요청자와 공급자 사이에 주고받는 행위를 공식화하여 관리하는 수단이다. 용어가 다소 복잡하게 보이기는 하지만 ESDR의 목적은 기능적 인터페이스(Functional Interface)를 관리하기 위한 도구이다. SE 프로세스의 관리와 통제를 통해 궁극적으로 달성하고자 하는 목표는 시스템의 각 요소들이 완결성을 가지게 하는 것이다. 인터페이스는 하부 시스템의 경계일 뿐만 아니라 시스템 완결성을 이루는 한 부분으로 중요하게 다루어져야 할 대상이다. ESDR이 기능적 인터페이스 관리에 초점이 맞추어져 있다면 물리적 인터페이스 관리는 KC-100의 경우 VPM상의 기능을 활용하였다. ESDR의 예는 표 2-6에 나와 있다.

• 표 2-6 • Engineering Source Data Requirement

Doc. No : XXX-XXX-XXX-XX-XXX
Revision : -
Issue Date : 20XX. XX. XX
Page : XX of XX

KPP Engineering Source Data Requirement(ESDR) 관리기준

양식 1

<table>
<tr><th colspan="8">KPP ESDR TRANSMITTAL</th></tr>
<tr><td>Program Code</td><td>Supplier Code</td><td>Customer Code</td><td>Serial code</td><td>Status</td><td>REV</td><td colspan="2" rowspan="2">Page :</td></tr>
<tr><td>KP</td><td></td><td></td><td></td><td></td><td></td></tr>
<tr><td colspan="2" rowspan="2">ESDR Supplier
(ESDR 공급자)</td><td colspan="4">Group Name :</td><td>Issued Day</td><td></td></tr>
<tr><td colspan="6">Name
Engineer :
Group Leader :</td></tr>
<tr><td colspan="2"></td><td colspan="6">☐ For ESDR Item Issue ☐ For Data Transmittal</td></tr>
<tr><td colspan="2">ESDR TITLE</td><td colspan="6"></td></tr>
<tr><td colspan="2">ESDR Description</td><td colspan="6"></td></tr>
<tr><td colspan="2">Reference</td><td colspan="6"></td></tr>
<tr><td colspan="2">Attachments</td><td colspan="6"></td></tr>
<tr><td colspan="2" rowspan="2">ESDR Customer
(ESDR 고객)</td><td colspan="4">Group Name :</td><td>Transmittal Day</td><td></td></tr>
<tr><td colspan="6">Name
Engineer :
Group Leader :</td></tr>
<tr><td colspan="2">Distribution(배포처)</td><td colspan="6">ESDR 영향성 그룹</td></tr>
</table>

(5) 적합성 점검표(CCL, Compliance Check List)

적합성 점검표는 형식 증명을 받기 위해 입증을 해야 되는 기술 기준(KC-100의 경우 Part 23, Part 36 등)에 적합하게 설계되었는지 일목요연하게 확인하는 수단으로, 각 기술 기준 항(Section)과 절(Paragraph)을 기준으로 적합성 입증을 담당하는 기술 분야, 적합성 입증 방법(MOC, Means Of Compliance), 입증 자료 등을 종합한 문서이다.

(6) 기술 자료 배포 계획(EDRS, Engineering Data Release Schedule)

KC-100 개발 과정에서 생성되는 문서를 모두 망라하여 문서 번호 생성에서부터 문서를 등록하기까지 현황 및 일정 관리를 수행하는 수단이다.

(7) 도면 배포 프로세스(Drawing Release Process)

도면을 생성하여 각 기능 부서의 검토, 부서장 검토, 인증 기관 검토 및 승인 과정을 체계화하여 그림 2-23과 같이 운영하였다.

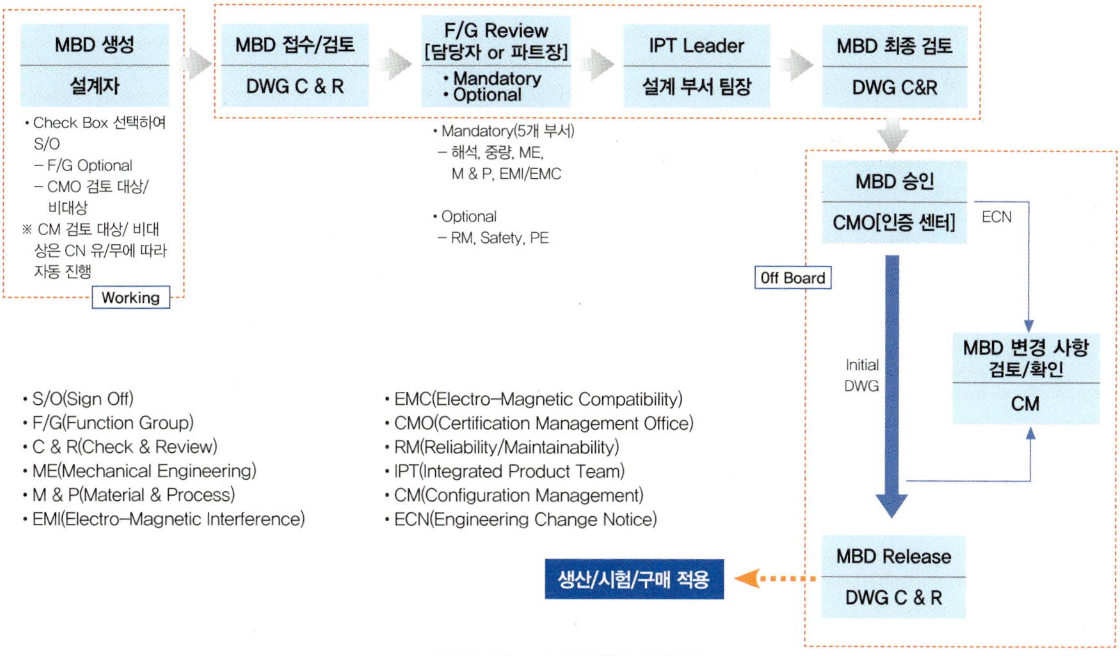

• 그림 2-23 • 도면 배포 프로세스

2 체계 관리 계획서(SEMP, SE Management Plan)

체계 관리 계획서는 사업 계획 문서 중 하나인데, SE의 기능과 업무를 초기에 정리하고 망라하여 전 개발 기간 동안의 포괄적이고 구조적인 관리 방법을 제시하는 문서로 중요하게 다루어지는 수단이다.

하지만, KC-100 개발 초기 국내 최초로 민간 항공기를 개발하는 시점에서 체계 관리 계획서(SEMP)라는 문서를 만드는 것이 필요한지, 군용기 개발에 사용되는 용어라 체계 관리 계획서(SEMP)라고 부르는 것이 맞는지에 대한 많은 논란이 있었다. 이와 같은 논의와 병형하여 해외 항공 선진사의 사례 등을 확인한 결과 명칭과 관계없이 그 목적에 부합하는 문서는 필요하다는 결론에 도달하였고, 그간 개발 경험을 살려 SEMP라는 명칭으로 해당 문서를 생성하여 개발을 준비하였다.

Scott Jackson이 쓴 『Systems Engineering for Commercial Aircraft』에도 이와 같은 사항을 뒷받침하고 있으며, 중요하게 강조된 사항 중 하나는 SE 절차를 가능한 한 간소하게(lean) 유지하는 것이었고 실제 개발 계획 수립 시 이러한 사항을 많이 고려하였다.

3 시험 평가 관리 계획서(TEMP, Test and Evaluation Management Plan)

시험 평가 관리 계획서(TEMP) 또한 체계 관리 계획서(SEMP)와 같은 논란을 거쳐 작성하였으며, KC-100의 경우 전술한 바와 같이 인증 요구도와 개발 요구도를 시험 평가를 통해 입증해야 하는 사항에 대해 시험 방법별 항목, 소요 시험체, 시험 주관, 시험 수행자, 시험 장소, 관련 계획서, 시험 일정, 관리 방안 등을 망라하여 준비하였다.

4 일정 관리

KC-100의 경우 개발 초기 MS Project를 통해 약 2,000여 항목의 업무 내역(Activity)들로 일정을 수립해서 개발에 참여하고 있는 모든 인력들이 공유하고 동일한 목표를 가질 수 있도록 방향을 제시하였다.

이후 개발 기본 계획(PMS, Program Master Schedule)의 명칭으로 개발 참여자 모두에게 공유하였고, 주간 개발 회의가 본격적으로 가동된 체계 설계 검토(SDR) 시점 이후부터는 목표의 시인성과 조직별 목표 일정을 명확히 하고자 간트(Gantt) 챠트 일정표를 이용하여 일정표를 작성하여 관리하였다.

5 위험 관리(Risk Management)

KC-100의 개발 초기에는 체계 관리 계획서(SEMP)에서 명시된 위험 관리 조직 및 책임에 의거 위험 관리 현황을 주기적으로 주간 개발 회의체를 통하여 개발 책임자에게 정기적으로 보고하였다. 이후 개발 비행 시험 착수 후에는 형식 검사 승인서(TIA, Type Inspection Authorization)에 대비하여 "KC-100 TIA Risk Management"의 명칭으로 기술, 일정, 비용 측면의 평가를 통해 위험 관리 대상을 등급별로 분류하여 주간 개발 회의에 집중적으로 대책 검토가 논의되도록 하였다.

6 기술 성능 지표(TPM, Technical Performance Measurement) 관리

최대 순항 속도, 실속 속도, 상승률, 이착륙 거리, 항속 거리, 공허 중량 등의 기술 성능 지표에 대해 요구도 또는 목표치 대비 마진의 정도를 확인해서 선제적인 대응이 가능하도록 관리하였다.

7 회의체 운영

KC-100 개발을 성공적으로 마무리하기까지 운영 기간은 다르지만 개발 일정 및 현안을 관리하기 위하여 다음과 같은 회의체를 운영하였다.

① 일일 회의 : 체계 종합 자체 회의

② 주간 기술 회의 : 기술 현안에 대한 검토 회의

③ 체계 관리 회의 : 개발 · 인증 시스템 · 품질 시스템 셋업 및 현안 협의를 위해 한시적으로 체계 종합, 형상 관리, 형식 인증, 품질 인증 간에 수행한 회의

④ 시제작 추진 회의 : 시제작 현안 협의를 위해 사업 관리, 개발, 생산, 구매 관련 부서가 참석한 회의

⑤ 주간 인증 회의 : 인증 현황 및 현안을 공유하고 해결하기 위해 수행한 회의

⑥ 도면 진척 회의 : 도면 진척 관리를 위해 한시적으로 수행한 회의

⑦ 주간 개발 회의 : 개발 일정 점검 및 개발 현안 협의를 위해 개발 책임자 주관으로 관련 팀장 및 담당자들이 참석한 회의

8 설계 검토(Design Review)

양질의 설계 검토는 SE 관리 및 통제 측면에서 가장 중요한 요소 중 하나이다. 그림 2-24는 KC-100 항공기 개발 시에서도 적용한 일반적인 개발 과정상의 설계 검토(Design Review) 단계를 나타내고 있다.

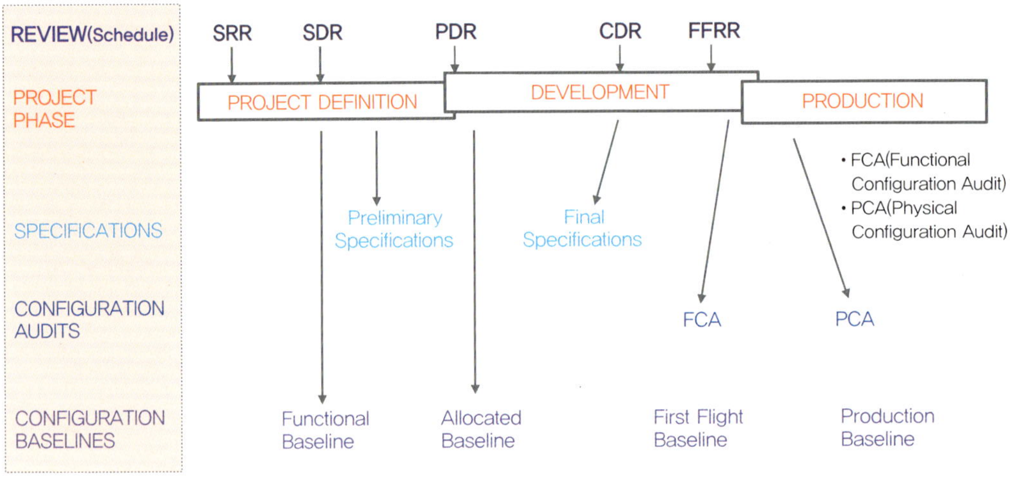

• 그림 2-24 • **설계 검토(Design Review) 단계**

(1) 체계 요구도 검토(SRR, System Requirements Review)

최상위 수준 요구도(Top Level Requirements)가 고객 요구 수준을 제대로 담고 있는지를 검토하는 회의로, 고객의 목소리를 대신할 마케팅 부서의 참여가 필수적이다. 체계 요구도 검토는 일반적으로 설계 결과가 아닌 요구도 검토에 집중한다.

(2) 체계 설계 검토(SDR, System Design Review)

체계 설계 검토는 개념 설계 결과가 최상위 수준 요구도를 만족하는지 여부를 검토하고 최상위 수준 요구도가 하위 수준으로 할당되었는지도 검토한다. 필요에 따라서는 하부 시스템 수준의 체계 설계 검토 회의를 개최한다.

(3) 기본 설계 검토(PDR, Preliminary Design Review)

국내 항공기 개발 경험이 쌓이면서 과거 영문의 직역 용어인 예비 설계 검토 대신 "기본 설계 검토"라는 명칭으로 되어 있다. 기본 설계 검토는 요구도가 최하위 수준으로 정의되고 설계가 그 요구도를 만족하는지를 확인하는 검토 회의이다. 기본 설계 검토 전후에는 외형이 확정되어야 하며, 기본 설계 검토가 성공적으로 완료되면 제작 도면의 출도가 착수되어야 한다.

(4) 상세 설계 검토(CDR, Critical Design Review)

상세 설계 검토는 상세 설계(도면 작성 등) 결과가 요구도와 특화 기술 요구도를 만족하고 제작성에 문제가 없는지를 검토하고 설계를 최종 확정하는 단계이다. 상세 설계 검토가 끝나면 시제기 제작에 착수해야 하기 때문에 전 분야에 걸쳐서 상세 설계 검토가 완료되어야 상세 설계 검토가 성공적으로 완수될 수 있다. 일반적으로 상세 설계 검토 회의 개최 시 도면 완성도는 90% 전후이다. 제작 기간이 많이 소요되는 부품 등의 경우 상세 설계 검토 전이라도 제작에 착수하기도 한다.

(5) 기능적/물리적 형상 확인(FCA/PCA, Functional and Physical Configuration Audit)

기능적(FCA)/물리적(PCA) 형상 확인에 대해서는 MIL-HDBK-61A(Configuration management guidance)에 상세히 나와 있다. MIL-STD-1521B(Technical Reviews and Audits for Systems, Equipments, and Computer Software)에도 설명되고 있는데, 요약하면 기능적 형상 확인(FCA)은 시험 결과가 요구 조건을 충족하고 있는지 확인하는 행위이며, 물리적 형상 확인(PCA)은 기술 자료에서 정의된 대로 제품이 제작되는지를 확인하는 행위이다. KC-100의 경우 별도의 기능적 형상 확인 대신 적합성 입증 시험과 인증 시험으로 시험 결과가 요구 조건을 충족하는지 확인하였다. 물리적 형상 확인의 경우 적합성 입증을 위한 비행 시험 착수 전과 형식 증명 검사 승인(TIA) 전에 항공기가 승인된 기술 자료에 합치하는지를 확인하는 인증 당국의 합치성 검사 전 신청자의 자체 점검 차원으로 물리적 형상 확인을 수행하였다.

(6) 초도 비행 준비 검토(FFRR, First Flight Readiness Review)

말 그대로 초도 비행을 위한 준비가 완료되었는지 확인하는 검토이다. KC-100의 경우 인증 절차 및 기준인 Part 21과 Part 23의 충족 여부에 대해 비행 시험을 제외한 모든 사항은 확인 완료할 것을 검토 기준으로 삼았다. 그리고 군용기 개발 시 사용한 미공군 ASDP 800-18에 의거 검토 회의 시 미흡한 사항은 SVI(Safety Validation Item)으로 작성하고 4가지 등급의 분류에 따라 비행 착수 전에 조치하도록 관리하였다.

① no go : resolve before first flight

② restricted : if not operated on first flight, must be resolved before first in-flight operation

③ limited use : does not prevent flight, but imposes certain restrictions until resolved

④ concern : may be flown, but pilot must be aware of potential problem

9 절차 및 표준

SE 절차를 효과적으로 이행하기 위해서 일련의 업무 수행 절차와 각 기능 부서별 책임을 정의하는 절차와 표준이 필요하다. KC-100의 경우 기존 군용기 개발 시 사용된 절차인 사내 표준 업무 절차(SOP, Standard Operational Procedure), 업무 지침(DI, Detail Instruction)들을 바탕으로 민항기 개발의 절차와 표준으로 추가 생성하였다.

06 인증, 안전성 그리고 소프트웨어

1 인증

(1) 항공기 인증

항공기 인증이란 항행 안전성을 확보하기 위하여 설계, 생산, 운용의 전 과정에서 항행 안전성 요구 사항에 대한 적합성을 기술적으로 판단하고, 이에 따라 승인, 허가, 제한, 금지 등의 법적 처분을 하는 것이다.

인증은 법적 처분 행위의 과정을 표현하는 용어이고, 그 행위의 결과로 증명을 부여한다. 예를 들어 형식 인증(Type Certification)은 과정을 통칭하고, 그 결과를 부여하는 것은 형식 증명(Type Certificate)이다.

국제민간항공기구(ICAO, International Civil Aviation Organization) 협약에 의하면 항공기 등록 국가(State of Registry), 항공기 운용 국가(State of Operator), 항공기 설계 · 제작 국가(State of Design and Manufacturer) 의 의무 사항을 기술하고 있는데, 우리나라의 경우 등록 국가 및 운용 국가로서의 경험은 많이 쌓은 한편 설계 · 제작 국가로서의 경험은 전무한 상태에서 KC-100 개발로 그 반열에 들었다고 할 수 있다.

전술한 항행 안전성은 감항성이 있을 때(Airworthy) 최소한으로 담보할 수 있으며, 감항성이란 감항 증명(AC)의 발행으로 인증하며 감항 증명은 "The aircraft conforms to its type certificate and is in condition for safe operation"라고 판단 될 때 인증 당국이 발행한다. 설계, 생산, 운용 과정에서 인증의 과정을 종합하여 정리하면 다음 그림과 같다.

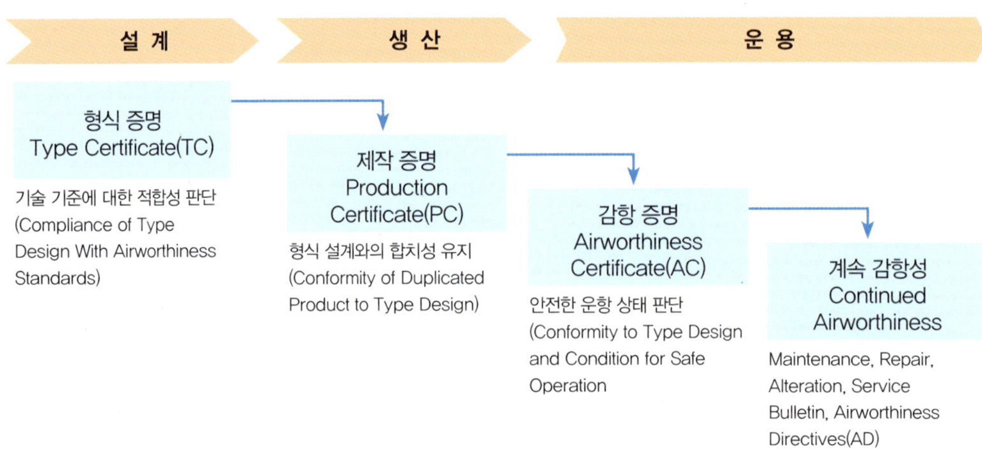

• 그림 2-25 • 인증 과정

상세한 절차는 관련 법규, 규칙, 지침, 기준, 회보 등으로 상세히 되어 있으므로 별도의 상세한 기술은 생략하도록 한다. 하지만, 국내에서 처음으로 인증 과정을 밟은 KC-100 개발 시 느끼고 강조하고 싶은 사항은 그림 2-25와 같다.

(2) 항공기 인증 기준

인증 기준(Certification Basis)은 개발 비행기에 해당하는 국토교통부 장관이 고시한 기술 기준(Airworthiness Standard), 동등 수준 안전성(ELOS, Equivalent Level of Safety) 및 특수 기술 기준(Special Condition)을 신청자가 인증 당국에 제시하여 인증 당국의 검토를 거쳐 확정한다. 동등 수준 안전성(ELOS)은 현행 기술 기준의 요건을 충족할 수 없으나, 신청자가 설계상의 보상을 통해 현행 기술 기준에서 요구하는 요건과 동등 수준의 안전성을 제공하는 경우 해당된다. 특수 기술 기준은 항공기 등의 설계가 새롭거나 특이하여 기술 기준을 적용할 수 없다고 인정하는 경우 특수 기술 기준을 제 · 개정하여 적용할 수 있다.

KC-100 항공기의 경우 전자식 엔진 제어 장치(FADEC) 적용으로 특수 기술 기준이 제정되었다.

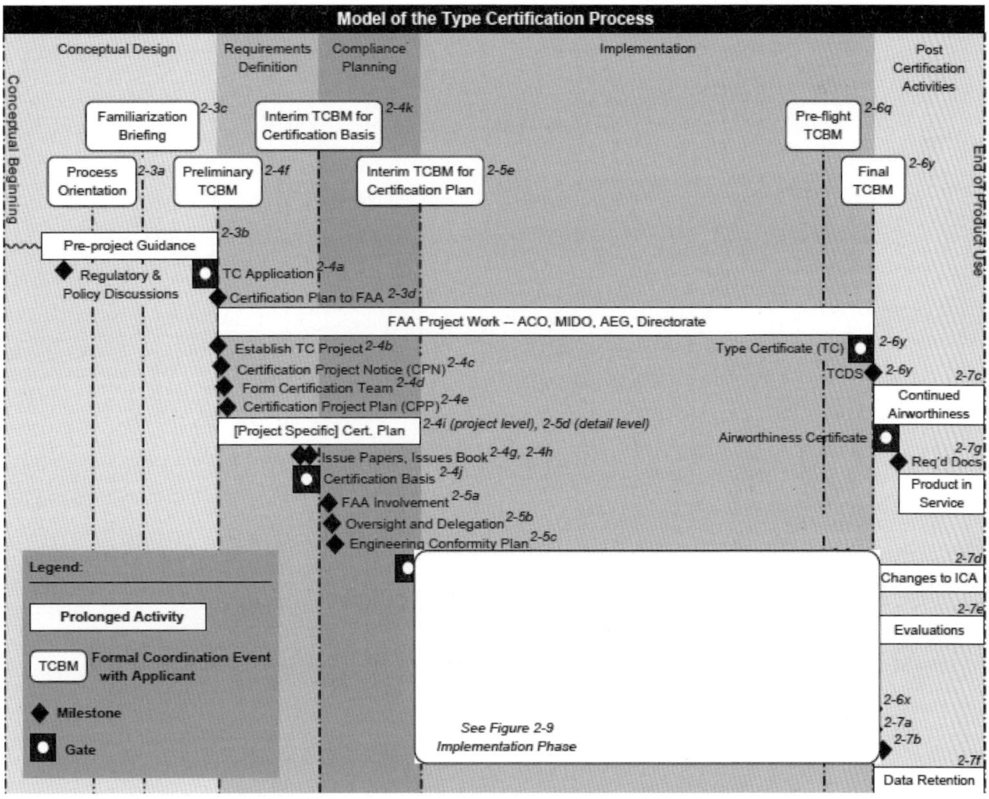

• 그림 2-26 • 형식 인증 주요 절차(FAA Order 8110.4C)

(3) 형식 인증 절차

국내의 경우 국토교통부 훈령 제282호 항공기 형식 증명 지침으로 형식 증명 절차를 규정하고 있고, 미국 FAA의 경우 FAA Order 8110.4C, 'Type Certification' 에 규정되어 있다. 그 절차는 그림 2-26과 같으며 FAA Order 8110.4C를 참고하여 절차를 제시하였다.

(4) 인증 계획서

항공기 인증에 대한 첫 번째 단계로 형식 증명을 인증 당국에 신청해야 하며 인증 계획서도 작성하여 첨부해야 한다. 인증 계획서는 국토교통부 훈령 제282호 항공기 형식 증명 지침 별표 2의 작성 요건을 참조하여 작성할 수 있다.

포함될 주요 내용은 형식 증명 개요, 항공기 개요, 인증 기준, 적합성 입증 계획, 합치성 검사 계획, 체계 안전성 평가 계획, 적합성 입증 자료 제출 계획, 계속 감항성 유지 계획으로 되어 있다.

형식 증명 신청을 위해서는 항공법 제17조와 동법 시행 규칙 제31조 2항에 의거하여 표 2-7과 같은 서류를 국토교통부에 제출해야 한다.

• 표 2-7 • 형식 증명 신청 서류

제출 문서	비 고
형식 증명 신청서	항공법 시행 규칙 별지 1호 서식
인증 계획서	국토해양부 훈령 282호 별표 2의 작성 요건 참조
항공기 삼면도	개발 비행기 삼면도
제출 가능한 기본 자료	분야별 인증 계획서(비행 성능, 소음, 구조, 추진, 항전, 전장, 세부 계통)

인증 계획서(CP, Certification Plan)가 인증 당국에 제출되면, 인증 당국 내에 과제 담당관이 임명되어 과제 번호를 부여하게 되고 형식증명위원회를 구성하여 운용하게 된다. 전문 검사 기관 과제 책임자는 인증 과제 계획서(CPP, Certification Program Plan)를 인증 당국에 제출하여 신청자가 제출한 인증 계획서(CP)와 부가 정보를 통합하여 특정 과제 인증 계획서(PSCP, Project Specific Certification Plan)를 신청자와 협의하여 작성하고 상호 합의 서명한다.

이후 형식 증명 절차의 일정 및 내용은 특정 과제 인증 계획서 기준에 의거하여 신청자가 이행하고 인증 당국이 검사를 수행하게 된다.

(5) 합치성 검사

합치성 검사(Conformity Inspection)란 시험 대상품/시험 장치, 제품, 부품, 조립, 장착, 기능이 승인된 설계(Approved Design)에 합치함을 판단하는 것으로 인증 당국의 합치성 검사를 합치성 검사 요청서(RFC) → 합치성 검사 확인서(SOC) → 합치성 검사 기록서(CIR) → 합치성 검사 종결 보고/감항성 인증서

합치성 검사 요청서(RFC)	합치성 검사 확인서(SOC)	합치성 검사 기록서(CIR)	합치성 검사 종결 보고/감항성 인증서
• 별지 서식 제15호 • Request for Conformity	• 별지 서식 제12호 • Statement Of Conformity	• 별지 서식 제17호 • Conformity Inspection Records	• 별지 서식 제20호 • 별지 서식 제18호 • Conformity/TIA Completion Report • Airworthiness Approval Tag

※ 여기서 별지 서식이라 함은 "항공기 형식 증명 지침"의 별지 서식을 가리킨다.

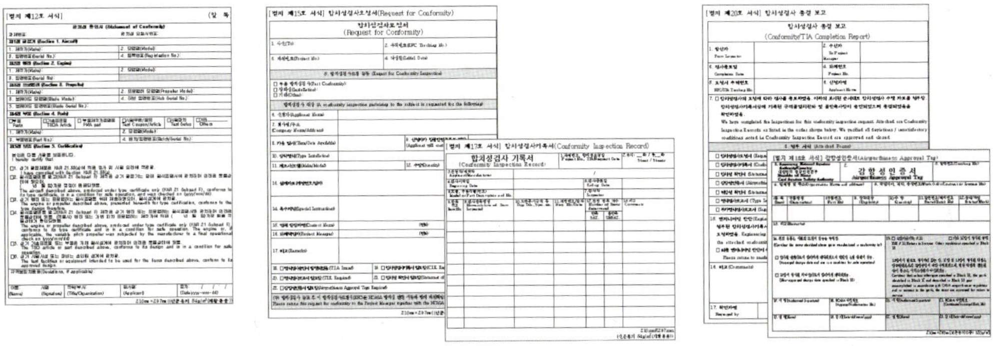

• 그림 2-27 • **합치성 검사 절차**

통해 검증하고 객관적으로 문서화하는 것이다.

승인된 설계는 항공기 등의 형상과 설계 특성을 표시 또는 기술한 설계 도면, 사양서, 도면 목록 및 사양서 목록, 구조 강도를 정의하는 데 필요한 치수, 재료 및 공정 등에 관한 자료이며 검사 대상품과 비교하여 합치 여부를 판단하게 된다. 또한 적합성 입증을 위한 인증 시험 평가 부분에서도 시험 계획서에서 제시한 시험 셋업(Setup)과 일치하는지를 검사하여 시험을 착수하게 된다. 합치성 검사를 위한 절차에 필요한 서류는 그림 2-27과 같다.

(6) 형식증명위원회(TCB, Type Certification Board)

KC-100 인증 수행을 위해 조직된 형식증명위원회는 그림 2-28의 점선 박스와 같으며, 형식증명위원회의(TCBM, Type Certification Board Meeting)를 할 때 필요시 신청자와 상호항공안전협정(BASA) 기술평가팀인 FAA가 같이 참석하였다.

(7) 형식 증명을 위한 구성품 입증

항공기 형식 증명을 위해서는 §21.305에서 언급하고 있는 바와 같이 항공기에 창작되는 모든 Article(Material, Part, Component, Process or Appliance)은 승인된 품목이어야 하며, 승인된 품목이 아니라면 항공기 형식 증명 과정을 통해 승인을 획득해야 한다. 즉, 형식 증명 획득을 위해서 항공기를 구성하는 모든 Article은 승인된 품목이어야 함을 의미한다.

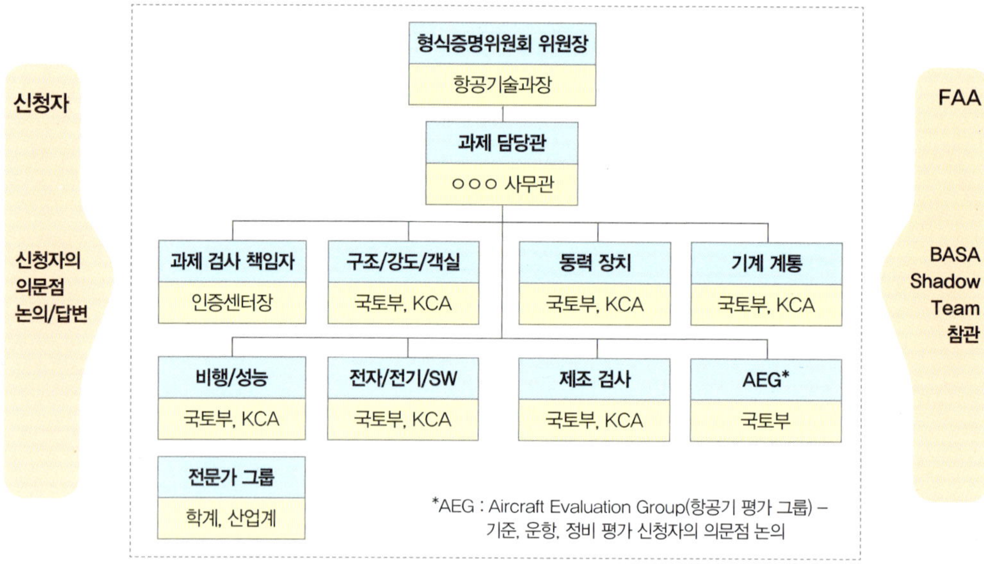

• 그림 2-28 • **형식증명위원회 조직 구성 예**

승인에 대한 유형은 §21.305에서 다음과 같이 정의하고 있고, 항공기에 사용되는 모든 구성품은 제시된 유형 중 하나의 조건으로 승인을 획득해야 한다.

① §21.303에서 제시된 교체 및 개조품을 위한 부품 제작자 승인(PMA, Parts Manufacturer Approval)을 받은 품목

② 기술 표준품(TSO, Technical Standard Order)을 통하여 승인된 품목

③ 형식 증명 과정을 통하여 승인된 품목(항공기, 엔진, 프로펠러 형식 증명)

④ 기타 감항 당국이 승인한 방법

• 표 2-8 • **KC-100 항공기 사용 구성품 분류**

구 분	입 증	
	인증(설계 적합성)	합치성
엔 진	엔진 TCDS	AAT(FAA form, 8130-3)
프로펠러	프로펠러 TCDS	
기술 표준품	TSOA	
부품 제작자 승인(PMA)	TC 과정 중에는 해당 사항 없음	
미승인 구매품(TC/TSO/ PMA제외)	항공기 TC	인증 기관 AAT(해당 경우)
제작품	항공기 TC	인증 기관 AAT(해당 경우)
표준품	기타 인증 기관이 승인한 방법	인증 기관 AAT(해당 경우)

KC-100 항공기의 경우 사용되는 구성품을 앞의 조건들로 분류하면 표 2-8과 같다.

첫째, KC-100의 경우 엔진과 프로펠러는 각각 엔진, 프로펠러 형식 증명을 획득한 제품(Product)이므로 그 자체는 이미 승인된 품목이다. 하지만 이들이 항공기에 장착되는 순간 장착에 대한 승인도 획득해야 하는데, 이는 항공기 형식 증명 과정을 통해 입증해야 할 부분이다.

둘째, KC-100에 사용되는 항전 장비와 타 계통 일부 장비 중 기술 표준품 장비가 존재한다. 기술 표준품 장비는 미국 FAA로부터 TSOA을 획득하여 TSO 태그가 부착된 장비이므로 승인된 article이다. 따라서 엔진, 프로펠러와 마찬가지로 장착에 대한 부분만 항공기 형식 증명 과정을 통해 입증하면 된다.

셋째, 부품 제작자 승인(PMA)은 기존 형식 증명을 받은 항공기에 사용된 품목에 대하여 항공기 형식 증명 소지자(TC holder)가 아닌 품목별 업체가 생산하여 항공기 운용자들에게 공급할 수 있도록 승인을 부여하는 것이다. 부품 제작자 승인은 특정 모델에 대해서만 인증되는 설계 및 제작 승인이다. 타 항공기에 사용되는 부품 제작자 승인 부품은 KC-100에 대한 적합성이 입증되기 전까지는 승인된 부품이 아니며, 시제품(Prototype) 목적의 AAT(Airworthiness Approval Tag)를 발행하여 KC-100에 사용하고 형식 증명 과정을 통해 입증한다. 하지만, 신규 개발 항공기이면서 아직 형식 증명을 획득하지 않은 항공기의 경우 부품 제작자 승인 품목은 없다.

넷째, 제작품은 형식 증명 신청자가 제작하는 품목이므로 항공기 형식 증명 과정을 통해 입증해야 하는 품목이다. 신청자는 품질 관리 시스템에 대한 입증 및 필요시 시험, 분석, 해석 등을 통하여 Article에 대한 입증을 하게 된다.

다섯째, 표준품은 산업에서 일반적으로 사용하는 단순 하드웨어 품목이면서 산업 표준으로 지정된 것으로, 사용하고자 하는 품목의 목록 및 정보를 인증 당국에 제출하고 승인을 득해야 한다.

마지막으로, 미승인 구매품이 남게 되는데, 이 경우에 Article 자체에 대한 사전 승인이 없고 항공기 형식 증명 신청자가 아닌 Article 제작 업체가 생산하고 신청자가 구매하는 품목이다. 따라서 Article을 구매한 형식 증명 신청자가 형식 증명 과정 중에 Article의 승인을 획득해야 한다. 따라서 항공기 형식 증명 과정을 통해 Article의 입증과 승인 획득을 위한 적절한 방법을 강구해야 한다.

이러한 미승인 구매품에 초점을 맞추어 입증과 승인에 대한 방법은 다음에 상세히 설명되어 있다.

(8) 구매품의 적합성 및 합치성 입증

① 구매품에 대한 입증 절차

민간 항공기의 인증은 그림 2-29와 같이 형식 인증(Type Certification), 제작 인증(Production Certification), 감항 인증(Airworthiness Certification)으로 이어지는 과정을 거친다.

• 그림 2-29 • **항공기 인증 프로세스**

항공기 형식 증명을 위한 인증 과정은 그림 2-30에 보여지듯이 크게 두 가지로 구분할 수 있다. 설계가 항공기 형식 증명을 위한 규정에 적합하도록 설계되었는지를 입증하는 설계 적합성(Compliance) 입증이 있고, 제작된 시험체(Test Article)가 형식 설계에 합치하게 만들어졌는지를 입증하는 합치성(Conformity) 입증이 있다.

여기서 규정은 항공기 설계가 충족해야 기술 기준(Airworthiness Standard)이며, 설계는 항공기를 결정짓는 형식 설계(Type Design)를 의미한다. 그리고 합치성이 입증되면 Type Design과 Article이 일치함을 의미하고, 감항 규정, 형식 설계, Article이 확인된 상태라고 말할 수 있고 항공기 형식 증명을 위한 전제 조건을 충족시키게 되는 것이다.

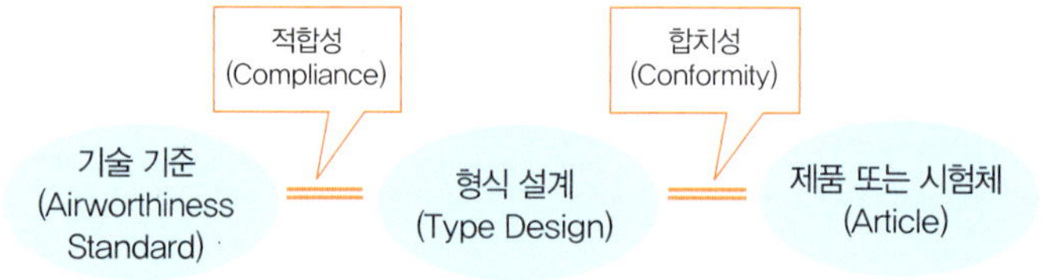

• 그림 2-30 • **설계 적합성, 합치성 검사 관계**

② 구매품 REC 적용

KC-100의 경우, 신규 개발로 형식 증명을 위해 처음 진행되는 인증 과정이었으므로 PMA 품목은 해당 사항이 없다. 항전을 비롯한 계통에서 사용된 TSO 품목 일부와 별도 TC를 획득한 엔진, 프로펠러를 제외한 나머지 구매품들은 앞서 언급한 '감항 당국이 승인한 기타의 방법'에 의해 적합성 및 합치성에 대한 입증을 수행해야 했다.

감항 당국과 구매품에 대한 입증 방법을 위한 협의를 진행한 끝에 구매품 REC 분류에 의해 합치성 검사 대상 품목을 선정하기로 결론 지었다.

구매품 REC는 해당 장비의 기능, 특성들을 고려하여 Required, Essential, Critical로 구분하고 분류에 적합한 입증 문서를 제출하였다.

- Required : 항공기 기술 기준(KAS/FAR)에 의해 요구되는 품목(Part 23, 91)
- Essential : 항공기의 정상 운용 및 의도한 항공기 기능 수행에 필수적인 품목
- Critical : 안전성 평가 결과에 의해 Catastrophic, Hazardous 또는 Major에 해당하는 품목

앞에서 설명한 구매품 분류에 따라 각각 구비해야 할 기술 자료의 종류가 표 2-9에 요약되어 있다.

• 표 2-9 • **구매품 분류**

분류		P.O ①	Engineering Package						검사 및 시험 문서			보증 및 인증 문서		품목수	KCA 합치성 검사
			SCD	DWG		Spec. ④		QTP QTR	ATP ATR	FAIR		C of C	FAA 8130-3		
				Top	Sub	Top	Sub			Top	Sub				
R/E/C	TC/TSO	Y	Y	N	N	N	N	N	N	N	N	Y	Y	○○	
	Non-TC/TSO	Y	Y	Y	O ③	O	O ③	Y ②	Y ②	Y	O ③	Y	N	○○○	○○○
Non-R/E/C	TC/TSO	Y	Y	N	N	N	N	N	N	N	N	Y	Y	○○	
	Non-TC/TSO	Y	Y	Y	O ③	O	O ③	Y ②	Y ②	Y	O ③	Y	N	○○○	○○
역할		구매자	개발자						품질 담당자			입고 검사원		○○○	○○○

- R/E/C(Required/Essential/Critical)
- SCD(Source Control Drawing)
- QTP/QTR(Qualification Test Plan/Report)
- ATP/ATR(Acceptance Test Plan/Report)
- FAIR(First Article Inspection Report)
- SOW(Statement of Work)
- SDRL(Supplier Data Requirement List)

【주기】

① PO(Purchase Order)란 다음 사항을 포함한 계약 문서
  - 3S(SOW, Specification, SDRL)
  - TDT(KCA 합치성 검사 및 AAT 관련 요구 등)

② SCD에서 QT 또는 AT를 요구하는 품목에 국한

③ 하위 부품(Sub)에 대한 DWG 및 FAIR 확인 가능

④ Top/Sub DWG에 명시된 Spec.을 의미

【범례】

- Y(Yes) : 해당 문서 확보 및 제시 가능
- N(No) : 해당 문서 불필요
- O(Optional) : 해당 문서 확보는 불필요하나 확인 가능(Accessible)

(9) 상호항공안전협정(BASA, Bilateral Aviation Safety Agreement)

미국은 1938년부터 상호감항성협정(BAA)을 통하여 미국 내에 비행하는 항공기의 안전과 미국의 항공 산업체를 지원하기 위하여, 상호감항성협정이 체결되지 않은 나라로부터 제품을 수입하는 경우에 생산 증명 소지자의 책임 하에 관리하도록 하였다. 미국연방항공청(FAA)은 생산 증명 소지자의 품질 보증 시스템을 통하여 포괄적인 감사를 수행하도록 하였다. 또한, 미국과 상호감항성협정이 없는 국가에서 설계되고 생산되는 항공기, 엔진, 프로펠러 및 기술 표준품 등에 대하여 어떠한 증명 또는 승인도 하지 못하도록 하였다.

이러한 상호감항성협정은 1996년부터 미국과 협정을 체결한 국가와 신규 협정 체결을 희망하는 국가에 대하여 행정 협정(EA, Executive Agreement)과 실행 절차(IP, Implementation Procedure)를 체결하도록 하는 더욱 유연한 형태를 갖추도록 하였으며, 항공기 등의 정비, 운항뿐만 아니라 환경 요건과 안전 요건을 포함한 상호항공안전협정(BASA)으로 변경하여 발전시키고 있다. 2004년 현재 미국과 BASA를 체결한 국가는 아시아 지역의 6개국을 포함하여 전 세계 30여 개 국가에 이르고 있다.

우리나라는 현재 기술 표준품 수출만 허용하는 BASA IPA(Implementation Procedure for Airworthiness)가 미국과 체결되어 있으며, KC-100 인증 과정 직후 항공기급으로 확대 체결이 예상된다.

BASA 체결 일반 프로세스와 제3국의 미국 내 항공기 인증 방법, 체결국 현황, 각국의 EA 및 IPA, 관련 용어들은 FAA Web Site나 AC21-23B"AIRWORTHINESS CERTIFICATION OF CIVIL AIRCRAFT, ENGINES, PROPELLERS, AND RELATED PRODUCTS IMPORTED TO THE UNITED STATES"를 보면 상세히 알 수 있다.

FAA에서 제시하는 BASA IPA 획득을 위한 일반적인 단계는 표 2-10과 같다.

• 표 2-10 • FAA에서 제시하는 BASA IPA 획득을 위한 일반적인 단계

단 계	내 용
Step 1	Initiating the Process : The Diplomatic Note
Step 2	Federal Aviation Administration Notification and Interagency Group for International Aviation Approval
Step 3	Familiarization Meeting
Step 4	Reimbursable Agreement Negotiation
Step 5	Technical Assessment
Step 6	Negotiation of the Executive Agreement
Step 7	Negotiation of the Implementation Procedure for Airworthiness
Step 8	The Bilateral Aviation Safety Agreement Implementation Procedure for Airworthiness

2 안전성(Safety)

민간 항공기 개발의 완성은 인증 획득이라고 해도 과언이 아닐 것이다. 그리고 안전성은 인증 과정상의 주된 관심사이며, 이러한 안전성은 정량적인 안전성 요구 조건뿐만 아니라 안

전성과 관련되는 설계 각 조건들을 다루게 된다. SE 프로세스상의 각 단계와 인증 측면에서 다루게 되는 안전성 분석 요소와 연계한 표 2-11을 보면 안전성 분석이 개발 각 단계별로 얼마나 중요한지를 알 수 있다.

• 표 2-11 • SE 프로세스상의 각 단계와 인증 측면에서 다루게 되는 안전성 분석 요소

SE 프로세스	인증을 위한 안전성 측면
기능 분석 (Functional Anaysis)	• 항공기 수준 기능 요구 조건 • 항공기 기능의 하위 시스템 할당 • 기능 위험 평가(FHA)
요구도 분석 및 할당 (Requirements Analysis and allocation)	• 하드웨어 및 소프트웨어 항목 요구 조건 • 체계 안전성 예비 평가(PSSA) • 검증 계획
설계 통합(Synthesis)	• 시스템 아키텍처 • 공통 원인 분석(CCA)
검증(Verification)	• 체계 안전성 평가(SSA)
SE 관리 및 통제	• 체계 안전성 프로그램 계획(SSPP) • 인증 계획서

민간 항공기 안전성 평가의 개별 사례에 대한 소개는 방대한 분량이므로 별도로 3장에서 다루고 있다.

3 소프트웨어

소프트웨어는 항공기 개발에 있어서 점점 더 큰 비중을 차지하고 비용 및 인증 측면에서도 중요한 비중을 차지하고 있다. 비록 KC-100 개발 시에는 항공기 개발 업체가 직접 소프트웨어를 개발한 부분은 없었지만, 공급자가 공급하는 장비에 내장된 소프트웨어에 대한 개발 과정의 제반 관리, 인증 관리에 대한 책임은 언제나 항공기 개발 업체의 몫이다.

KC-100에는 엔진 형식 증명에 포함된 전자식 제어 장치(FADEC), 통합 비행 시현기(IFD, Integrated Flight Display), 자동 조종 컴퓨터 등에 포함된 중요 소프트웨어뿐만 아니라 환경 제어 시스템의 제어 장치에도 Level E 수준의 소프트웨어가 포함되어 있어 SE 프로세스상에 중요한 개발 및 인증 고려 요소였다.

실제 FAA는 상호항공안전협정 기술 평가 과정에서 통합 비행 시현기(IFD)를 개발하여 KC-100에 공급한 Avidyne사에 대한 항공기 제작사의 감사(Audit) 과정을 확인하기 위해, Avidyne사에 방문하여 소프트웨어 개발 제반 절차의 이행 여부를 확인하기도 하였다. 민간 항공기의 경우 소프트웨어 인증에 사용되는 제반 방법론 및 표준은 RTCA/DO-178B가 적용된다.

Chapter 3

민간 항공기 안전성 평가 (Safety Assessment)

01 민간 항공기 체계 안전성 평가 개요

예전의 안전성 분석은 역학적인 조사나 과거의 사고 사례에 근거하여 사고의 원인이나 조건을 통제하고자 하는 관점으로 접근하였으나, 현재의 체계 안전성이라는 개념은 위험을 식별하고 분석하기 위해 체계적인 접근 방법을 사용하는 전체적인 위험 관리 전략으로 볼 수 있다.

따라서 제품의 전 수명 주기에 걸쳐 위험을 식별하고, 분석하여 제거 · 통제 · 관리하기 위한 수단으로 사용된다. 민항기 체계 안전성의 경우에는 상기 목적과 더불어 §23.1309 요건에 대한 적합성을 보이기 위해 아래의 목적이 추가적으로 적용된다.

① 가능한 고장 또는 오작동에 의한 위험을 식별, 평가, 통제 및 최소화

② 안전성 설계 요구 조건 규정

③ 고장 발생 확률 및 개발 보증 수준(DAL, Development Assurance Level)과 같은 안전성 성능 요구 조건의 기준 수립

④ §23.1309(a) &(b)항의 적합성을 보이기 위한 안전성 평가 및 분석 방법 제시

KC-100 체계 안전성에서는 §23.1309를 안전성 평가의 기본 요구 조건으로 적용하고 있으며, 안전성 평가의 기준 및 길잡이로 FAA AC23.1309-1E와 SAE ARP4761을 사용하고 있다.

02 | § 23.1309 안전성 평가 요구 조건

다음 내용은 14 CFR Part 23의 수정판 23−49(1996년 2월 9일)를 기준으로 요건을 설명하고 있다. 향후 개발하는 항공기에는 수정판 23−62(2012년 1월 31일)을 적용해야 한다.

§23.1309는 (a)~(f)까지 6개의 단락으로 구성되어 있다. 이중에서 (c) & (d)는 전원 공급 계통의 전기 필수 부하와 관련된 내용이고,(e)는 전기 장비에 대한 낙뢰 타격 및 무선 전자파 에너지의 영향으로부터의 보호에 관한 것이다. 따라서, §23.1309(c)~(e)의 내용에 대해서는 여기에서 언급하지 않기로 한다.

§23.1309(a) & (b)는 체계 안전성 평가의 기본 요구 조건을 서술한 것이고,(f)는 체계 안전성 평가의 대상이 되는 계통(system)을 정의하는 설명문으로, 아래와 같은 계통 혹은 구성품은 KC−100 체계 안전성 평가의 대상에서 제외된다.

① 형식 증명을 받은 엔진의 일부를 구성하는 터보차저(Turbocharger) 및 전자식 엔진 제어 장치(FADEC) 시스템

② 동체, 날개, 미익, 조종면, 엔진 마운트 및 고정식 착륙 장치를 포함하는 비행 구조물

그러나 전자식 엔진 제어 장치 시스템의 장착에 대해서는 특수 기술 기준(Special Condition)이 제정되어 §23.1309(a) & (b)에 따르는 체계 안전성 평가를 수행해야 하고, 기존의 시동 발전기(magneto) 시스템을 대체하는 전자식 엔진 제어 장치 시스템의 신뢰도에 대한 불확실성을 우려하여, §23.1309(e)의 낙뢰 타격 및 무선 전자파 에너지 영향에 대해서는 기존 동력 장치의 고장 조건 분류보다 높은 "치명적인(Catastrophic)" 고장 조건으로 간주한다.

1 §23.1309(a) 요구 조건

§23.1309(a)(1)에서는 각 장비, 계통 및 장착이 의도한 기능을 수행할 때, 안전 운용 필수 장비(Equipment Essential to Safe Operation)와 조종사에게 그 영향을 알려주지 않는 기타 장비의 반응, 운용 혹은 정확도에 불리한 영향(adverse effect)이 없어야 함을 규정하고 있다. 이를 위해서는 장착된 장비 중 안전 운용 필수 장비를 체계 안전성 평가(SSA, System Safety Assessment)에서 정의하고 식별해야 한다. 또한, 조종사에게 그 영향을 알려주지 않는 장비, 즉 경고나 주의를 시현하도록 요구하지 않는 장비를 식별해야 한다. 이후 지상 시험 혹은 비행 시험을 통해 각 장비 및 시스템의 작동 상태에서 타 장비에 불리한 영향이 없거나, 안전 운용 필수 장비 외의 장비에 그 영향을 알려주는 수단이 있음을 확인하여 그 결과를 체계 안전성 평가(SSA)에 포함시켜야 한다.

§23.1309(a)(2)에서는 단발 엔진 항공기의 장비, 계통 및 장착에 대해 가능한 고장 혹은 오작동이 발생할 경우 항공기에 미치는 위험이 최소화되도록 설계해야 함을 규정하고 있다. 여기서 "최소화(Minimize)"라는 것은 현재의 기술력과 자원을 가지고 "최소한의 실용적인 정도(Least Practical Amount)"까지 위험을 줄이는 것을 의미한다. "최소한의 실용적인 정도"라 함은 좀 더 위험을 줄이고자 하는 노력으로도 안전성의 이점이 현저히 늘어나지 않는 점을 의미한다. 즉, 추가의 노력이 들어가도 안전성이 현저히 향상되지 않고, 안전상의 이점을 보상하지 못할 만큼 제품 비용이 부적절하게 증가함을 가리키는 것이다.

하지만, 이 기준은 여전히 불분명하여 AC23.1309-1E에서 엔진의 종류, 개수 및 항공기 중량에 따라 Class I에서 Class IV에 해당하는 정량적인 발생 확률 요구 조건을 제시하고 있다. §23.1309(a)(2)의 입증을 위해서는 아래의 절차를 따른다.

① 항공기 및 시스템 수준의 기능 위험 평가(FHA, Functional Hazard Assessment)를 수행하여 가능한 고장 및 오작동 조건을 식별하여 고장 조건 분류를 할당하고 검증 방법(Verification Method)을 정량적 혹은 정성적 방법으로 지정
② "중요한(Major)" 이상 고장 조건은 체계 안전성 예비 평가(PSSA)에서 정량적인 발생 확률 요구 조건 할당
③ 모든 고장 조건에 대해 기능 위험 평가(FHA)에서 지정한 정량적 혹은 정성적 검증 방법을 사용하여 위험이 최소화되었는지를 체계 안전성 평가(SSA)에서 검증

§23.1309(a)(3)과 (a)(4)는 각각 다발 엔진 항공기 및 커뮤터(commuter) 항공기에 적용되는 요건이므로 KC-100에는 해당 사항이 없다.

체계 안전성 평가(SSA)에서는 §23.1309(a)의 입증을 위해 지상 시험 및 비행 시험의 결과를 가지고, AC23.1309-1E, Figure 1의 흐름대로 모든 장비 및 장착에 대해 평가를 수행하여 그 결과를 기록하고, 각 판단 항목의 결과를 바탕으로 §23.1309(a)가 입증되었는가를 평가해야 한다.

2 §23.1309(b) 요구 조건

§23.1309(b)의 전반부에는 (b)(1)에서 (b)(4)까지의 설계 요구 조건을 만족시켜야 하는 대상을 어떻게 선정해야 하는가를 설명하고 있다. 각 장비, 계통 및 장착 설계에 대해 독립적으로 그 자체를 조사하고, 또한 타 계통 및 장착과 연계하여 조사하도록 규정되어 있다. 이는 각 계통의 고장이나 오작동이 "지속적 안전 비행 및 착륙(Continued Safe Flight and Landing)"을 위한 기능에 종속되어 있는지, 혹은 불리한 운용 조건(Adverse Operating Condition)에 대처하는 승무원의 능력이나 항공기의 성능을 현저히 저하시킬 수 있는지를 판단하기 위해서이다. 이

를 위해서는 지속적 안전 비행 및 착륙과 관련된 기능과 불리한 운용 조건에 대처하는 승무원의 능력이나 항공기의 성능을 "현저히(Significantly)" 저하시킬 수 있는 기능을 정의하고 식별해야 한다. AC23.1309-1E를 참조하면 지속적 안전 비행 및 착륙과 관련된 고장 조건들은 "치명적인(Catastrophic)" 고장 조건 분류(Classification of Failure Condition)에 해당되며, 불리한 운용 조건에 대처하는 승무원의 능력이나 항공기의 성능을 현저히 저하시킬 수 있는 고장 조건은 "위험한(Hazardous)"과 "중요한(Major)" 고장 조건 분류에 해당된다고 볼 수 있다. 즉, § 23.1309(b)(1)~(4)는 각 장비, 계통 혹은 장착의 고장이나 오작동에 의해 "중요한(Major)" 이상의 고장 조건이 유발될 수 있는 경우에 한정된다.

§23.1309(b)(1)에서는 예상되는 모든 운용 조건에서 의도한 기능을 수행해야 함을 규정하고 있다. 여기의 "예상되는 모든 운용 조건"은 §23.1525의 운용 종류, 즉 시계 비행 규칙(VFR, Visual Flight Rule), 계기 비행 규칙(IFR, Instrument Flight Rule), 주간 및 야간을 포함한 항공기 운항 조건을 직접적으로 의미한다. 하지만, 광의적으로 해석하면 항공기 운항 시에 조우할 가능성이 있는 모든 환경 조건을 의미하는 것으로 판단된다.[1] 이러한 환경 조건에 대해서는 AC 21-16E에서 형식 증명 신청 시 감항 요구 조건에의 적합성을 보이는 데 있어 RTCA/DO-160E를 사용할 수 있도록 추천하고 있다. 즉, "중요한(Major)" 이상의 등급을 가지는 고장 조건을 유발하는 장비 · 계통 · 장착은 각 항공기의 운용 · 환경 조건에 맞는 범주에 대해 DO-160에 따라 환경 시험을 수행하는 것이 강력히 추천된다. FAA 정책 설명문(FAA Policy Statement, PS-ACE100-2005-10039)에 따르면 유사성(Similarity)을 적용할 수 있으나, 이는 동일 제작사의 유사 기종에 대한 충분한 서비스 경험에 근거한 유사성이어야 한다. 또한, "의도한 기능(Intended Function)"이라 함은 §23.1301(a)에서 표현된 바와 같이 장비가 장착된 상태에서 수행하는 기능으로서, 장비 자체의 기능이 아닌 장착된 상태의 시스템 또는 항공기 수준에서의 기능을 의미한다. 예상되는 운용 조건과 환경 조건을 모두 실제로 구현하여 항공기 수준의 기능이 수행되는지를 검증하는 것은 거의 불가능한 것으로 판단된다. 따라서, 다음과 같은 단계로 적합성을 입증할 수 있다.

① 장비 수준의 운용 · 환경 적합성 자료 준비 : 장비 규격서/도면, QTR(Qualification Test Report) 및/또는 DO-160 환경 적합성 양식(EQF, Environmental Qualification Form)

② 장비 수준의 운용 · 환경 적합성 범주가 항공기의 운용 · 환경 요건에 적합한지 확인

③ 장비가 장착된 상태에서 지상 · 비행 시험으로 의도한 기능 수행을 입증하여, 각 계통의 입증 문서(Substantiation Document)에 포함

주1. 이 사실을 명확히 하기 위해 Amdt 23-62의 §23.1309(a)(1)에서는 "항공기 운용 및 환경 조건 하에서(Under Airplane Operating and Environmental Condition)"로 명확히 개정되어 있다.

④ 체계 안전성 평가(SSA)에서 상기 내용을 요약

§23.1309(b)(2)에서는 계통과 구성품의 고장 및 오작동에 의한 고장 조건 발생 확률에 대한 정성적인 요구 조건을 "거의 발생하지 않는(Extremely Improbable)"과 "발생할 것 같지 않은(Improbable)"으로 제시하고 있다. 그러나 이런 모호한 기준보다는 AC23.1309-1E의 고장 조건 분류에 따른 정량적인 발생 확률 요구 조건을 적용하는 것이 추천되며, 이런 정량적인 분석을 위해서는 결함 나무 분석(FTA, Fault Tree Analysis), 의존성 도해(DD, Dependency Diagram), 혹은 Markov 분석(MA, Markov Analysis) 사용이 추천된다. §23.1309(b)(2)의 입증을 위해서는 §23.1309(a)(2)의 입증 절차 중에서 정량적인 분석이 필요한 것만을 추려서 사용하면 된다.

§23.1309(b)(3)에서는 시스템의 불안전한 운용 조건을 조종사에게 알려서 적절한 시정 조치를 할 수 있도록 경고 정보가 있어야 하고, 추가적인 위험을 발생시킬 수 있는 조종사의 오류를 최소화할 수 있게 감시 혹은 경고 장치를 설계하도록 규정하고 있다. 즉, "중요한(Major)" 이상의 고장 조건과 관련된 정보는 그 상태나 위험 요소를 조종사에게 알려줄 수 있는 "경고(warning)"나 "주의(caution)" 목록의 작성이 요구된다. 또한, 이러한 경고와 주의는 통합 비행 시현기(IFD)에 시현되므로 AC 23.1311-1B 18장의 내용을 설계에 반영하는 것이 추천된다. §23.1309(b)(3)의 입증을 위해서는 아래의 절차를 따른다.

① 기능 위험 평가(FHA)에서 "중요한" 이상 고장 조건을 식별하고 조종사 통지 필요성 확인
② 상기 "중요한" 이상의 고장 조건에 대한 통지가 조종사에게 제공되는 경고 및 주의 목록에 포함되어 있는지 확인
③ 체계 안전성 평가(SSA)에서 경고 및 주의가 추가 위험을 유발하는 조종사 오류를 최소화 할 수 있는지 확인

§23.1309(b)(4)에서는 (b)(2)의 발생 확률 요구 조건에 대한 적합성 입증을 분석으로 수행할 수 있고, 필요시 지상 시험이나 비행 시험을 사용할 수 있도록 규정하고 있다. 단, 분석으로 입증 시에는 (b)(4)(i)~(iv)의 사항들을 포함해야 한다. 따라서, 기능 위험 평가(FHA)에서는 다음 사항들을 고려하여 평가해야 하며, 체계 안전성 예비 평가(PSSA)에서 발생 확률을 할당하고, 체계 안전성 평가(SSA)에서 해당 내용을 입증해야 한다.

① 가능한 고장 모드(오작동 및 외부 요인에 의한 손상 포함)
② 다중 고장 및 미탐지 결함의 발생 확률
③ 항공기 및 탑승자에 대한 영향(비행 단계 및 운용 조건 고려)
④ 조종사에게 시현되는 경고 정보(Warning Cue), 요구되는 시정 조치, 및 조종사의 결함 판단 능력

3 §23.1309(a) & (b) 적합성 입증 방법

§23.1309(a) & (b)에 대한 적합성 입증은 표 3-1과 같은 방법으로 보일 수 있다.

• 표 3-1 • §23.1309(a) & (b) 적합성 입증 방법

요구 조건	주요 내용	입증	적합성 입증 내용
§23.1309(a)(1)	장비 · 계통 · 장착은 의도한 기능 수행 시 안전 운용 필수 장비 및 통지 없는 다른 장비의 반응 · 운용 · 정확도에 불리한 영향이 없어야 함	• SSA	• 안전 운용 필수 장비 정의 및 식별 • §223.1309(a)(1) 적합성 요약
		• GTP/GTR • FTP/FTR (전 계통)	• 아래 내용을 지상 · 비행 시험으로 검증 – 안전 운용 필수 장비에 불리한 영향이 없음 – 다른 장비에 불리한 영향이 없음 또는 불리한 영향이 있다면 통지가 가능함
§23.1309(a)(2)	장비 · 계통 · 장착은 가능한 고장 · 오작동 발생 시 항공기에 미치는 위험이 최소화되도록 설계해야 함	• AFHA • SFHA • PSSA • SSA	• 가능한 고장 · 오작동에 위한 위험 식별 • 위험이 최소화되었는지 평가 • §223.1309(a)(2) 적합성 요약
§23.1309(a)(3)	다발 엔진 항공기 요건	• 해당 없음	• 해당 없음
§23.1309(a)(4)	커뮤터 항공기 요건	• 해당 없음	• 해당 없음
§23.1309(b)(1)	"중요한" 이상의 장비 · 계통 · 장착은 가능한 운용 조건에서 의도한 기능을 발휘해야 함	• 도면 • 규격서 • QTP/QTR	• 장비 수준의 환경 조건에 대한 적합성 시험에 근거한 유사성 혹은 분석 자료 제시
		• GTP/GTR • FTP/FTR	• 의도한 기능을 발휘하는지 지상 · 비행 시험 검증
		• 계통별 입증 문서	• 운용 · 환경 적합성의 입증
		• SSA	• 예측 가능한 운용 조건 정의 • PSSA에서 할당된 환경 적합성 요구 조건에 대한 적합성 설명
§23.1309(b)(2)	"중요한" 이상의 장비 · 계통 · 장착은 발생 확률 요구 조건을 만족해야 함	• AFHA • SFHA • PSSA • SSA	• 고장 조건 식별 및 등급 결정 • "중요한" 이상 고장 조건의 정량적 발생 확률 요건 할당 • 정량적 발생 확률 요구 조건 검증
§23.1309(b)(3)	"중요한" 이상의 장비 · 계통 · 장착은 경고가 제공되어야 하고, 이로 인한 추가 위험이 없어야 함	• AFHA • SFHA • SSA	• "중요한" 이상 고장 조건 식별 • Warning/Caution/Advisory 목록과 비교 확인 조종사의 적절한 시정 조치를 위한 비상 혹은 비정상 절차를 수립 • 감시(Monitoring) 혹은 경고(Warning) 수단을 요약
§23.1309(b)(4)	(b)(2)의 입증은 해석(필요시 지상/비행 시험)으로 보이고, (i)~(iv)를 고려해야 함	• AFHA • SFHA • PSSA • SSA	• AFHA, SFHA 및 PSSA는 식별과 할당을 위한 것이고, 모든 요구 조건들은 SSA에서 입증되므로 SSA가 최종 입증 문서임

03 안전성 평가 길잡이

1 Part 23급 항공기 Class 기준

Part 23급의 항공기 안전성 평가를 위해서는 항공기를 다음과 같이 4개의 Class로 분류하며, 요약하면 표 3-2와 같다. KC-100은 Class I에 해당된다.

① Class I : 최대 이륙 중량 6,000 lbs 이하의 단발 왕복 엔진(SRE, Single Reciprocating Engine)

② Class II : 최대 이륙 중량 6,000 lbs 이하의 다발 왕복 엔진(MRE, Multiple Reciprocating Engine), 단발 터빈 엔진(STE, Single Turbine Engine) 및 다발 터빈 엔진(MTE, Multiple Turbine Engine)

③ Class III : 최대 이륙 중량 6,000 lbs 초과의 단발 왕복 엔진, 다발 왕복 엔진, 단발 터빈 엔진 및 다발 터빈 엔진

④ Class IV : 커뮤터(Commuter)급

• 표 3-2 • Part 23급 항공기 Class 기준

Class	MTOW(lbs)	SRE	MRE	STE	MTE	Commuter
I	≤6,000	○				
II	≤6,000		○	○	○	
III	≥6,000	○	○	○	○	
IV	12,500 ~ 19,000					○

2 Part 23급 항공기 고장 조건 분류 기준

계통 고장의 영향을 정량적인 분석 방법으로 조사해야 하는 경우를 위해 상기 4개의 항공기 Class에 대해 발생 확률에 대한 수치가 AC23.1309-1E, Figure 2에 할당되어 있다. 또한, 여러 고장 조건들에 대한 관련 소프트웨어 및 복잡한 하드웨어 개발 보증 수준(DAL, Development Assurance Level)도 포함되어 있다. 특별한 아키텍처 고려 사항이 있지 않는 한 이 수준들을 사용해야 한다. 이러한 특이한 경우에는 인증 당국의 특정한 정책, 길잡이 또는 승인이 있어야 한다. 아래의 발생 확률 기준은 각 항공기 Class에 대한 예전의 사고 자료, 계통 분석 및 공학적 판단에 근거하고 있다.

3 Part 23급 및 Part 25급 고장 조건 발생 확률과 개발 보증 수준 비교

Part 23 및 Part 25 항공기의 고장 조건 발생 확률과 개발 보증 수준을 비교한 표가 아래에 제시되어 있다. 표 3-3에서 파란색으로 칠해진 부분이 KC-100에 해당되는 요구 조건이다.

• 표 3-3 • Part 23급 및 Part 25급 항공기 고장 조건 발생 확률과 개발 보증 수준 비교

Part	Class	No Safety Effect		Minor		Major		Hazardous		Catastrophic	
		Prob.	DAL	Prob.	DAL	Prob.	DAL	Prob.	DAL	Prob.	DAL
Part 23	I	–	–	$< 10^{-3}$	D/D	$< 10^{-4}$	C/D	$< 10^{-5}$	C/D	$< 10^{-6}$	C/C
	II	–	–	$< 10^{-3}$	D/D	$< 10^{-5}$	C/D	$< 10^{-6}$	C/C	$< 10^{-7}$	C/C
	III	–	–	$< 10^{-3}$	D/D	$< 10^{-5}$	C/D	$< 10^{-7}$	C/C	$< 10^{-8}$	B/C
	IV	–	–	$< 10^{-3}$	D/D	$< 10^{-5}$	C/D	$< 10^{-7}$	B/C	$< 10^{-9}$	A/B
Part 25		–	–	$< 10^{-3}$	D	$< 10^{-5}$	C	$< 10^{-7}$	B	$< 10^{-9}$	A
HIRF(High Intensity Radiated Field) and Lightning Indirect Effect Level											
Part 23 & 25		–		–		C		B		A	

※ Prob. = Probability of Failure Condition

표 3-3에서 제시하는 개발 보증 수준 중 "C/D"는 주 시스템(Primary System)이 C, 예비 시스템(Secondly System)이 D임을 의미한다. 단, Part 25에서는 구분하지 않는다

DAL은 개발 보증 수준(Development Assurance Level)으로서 ARP4754에 의해 유효성을 확인(Validation) · 검증(Verification)해야 한다. 소프트웨어(S/W)에 대한 개발 보증 수준은 RTCA/DO-178B, 복잡한 하드웨어(Complex H/W)에 대해서는 RTCA/DO-254를 참조하면 된다. 고강도 전자기장(HIRF, High Intensity Radiated Fields)과 낙뢰 간접 영향(Indirect Effect of Lightning) 수준은 강화 수준(Hardening Level)으로도 불리며, 각 장비에 대해 특정 위험 분석(PRA, Particular Risk Analysis) 프로세스를 통해 할당된다.

4 고장 조건 분류별 분석의 깊이

신청자는 개별 고장 조건을 식별하고 분류하며, 안전성 평가를 위한 방법을 선정할 책임을 진다. 그런 후 신청자는 고장 조건과 그 분류(Classification) 및 수락 가능한 적합성 입증 방법(MOC, Means of Compliance) 선정에 대해 인증 당국의 동의를 얻어야 한다. 그림 3-1(AC23.1309-1E, Figure 3)은 안전성 평가를 수행하는 정보의 흐름과 고장 조건 분류의 심

각도(severity)에 따라 어느 정도의 분석을 수행해야 하는지를 간략히 보여 준다.

그림 3-1의 흐름도를 간략히 보면 분석의 깊이를 결정하기 위해서는 가장 먼저 기능 위험 평가(FHA, Functional Hazard Assessment)를 수행하여 각 고장 조건들의 고장 조건 분류를 설정해야 한다. 설정된 고장 조건 분류에 대해 흐름도를 따라 분석의 깊이를 판단하게 되며, 정

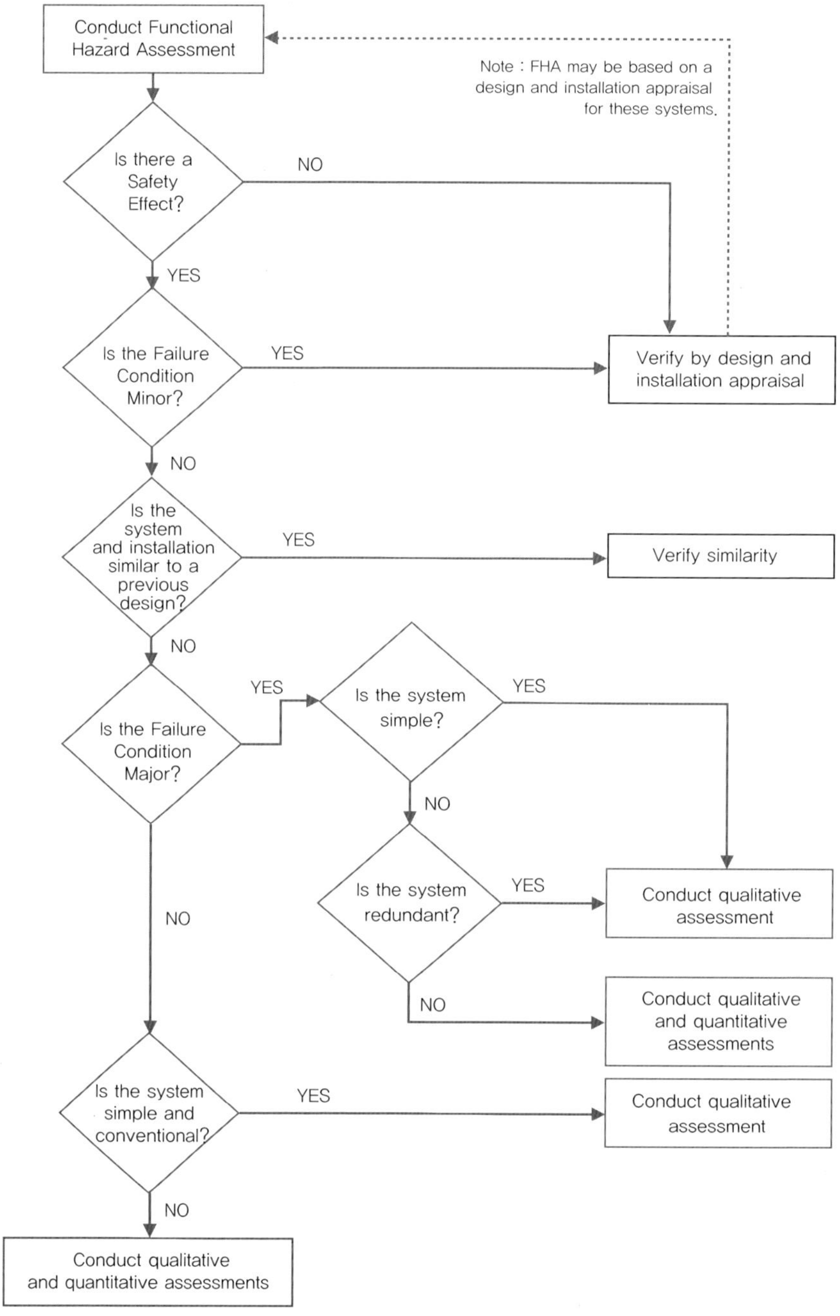

• 그림 3-1 • **고장 조건 분류별 분석의 깊이**

리하면 아래 표 3-4와 같다.

• 표 3-4 • 고장 조건 분류별 분석의 깊이 요약

Classification of Failure Condition	Depth of Analysis
Catastrophic or Hazardous	Quantitative and Qualitative
Major(Complex and without redundancy)	Quantitative and Qualitative
Major(Simple or with redundancy)	Qualitative
Minor or No Safety Effect	Design Appraisal and Installation Appraisal

표 3-4에서 정성적인(Qualitative) 분석이란 정성적인 고장 모드 영향 분석(FMEA, Failure Mode and Effect Analysis), 설계 평가(Design Appraisal) 및 장착 평가(Installation Appraisal)를 포함하며, 정량적(Quantitative)인 분석이란 고장률(Failure Rate)값이 포함된 정량적인 결함 나무 분석(FTA, Fault Tree Analysis)이나 정량적인 고장 모드 영향 분석(FMEA, Failure Mode and Effect Analysis)이 될 수 있다.

정리하면, 모든 고장 조건에 대해 정성적인 평가는 기본으로 수행해야 하며, 이와 더불어 "치명적인(Catastrophic)", "위험한(Hazardous)" 및 복잡하고 백업(redundancy)이 없는 "중요한(Major)" 고장 조건은 정량적인 평가가 추가된다.

04 안전성 평가 프로세스

1 개괄적인 안전성 평가 프로세스

ARP4761의 안전성 평가 프로세스와 AC23.1309-1E의 안전성 입증 방법을 KC-100 개발에 맞도록 조합하여 조정한 프로세스가 그림 3-2에 제시되어 있다. 이 프로세스는 기능 위험 평가(FHA)에서 시작하여 체계 안전성 평가(SSA)에서 종료된다. 모든 다른 평가나 분석 중에 도출된 가정 사항, 추천 사항 및 요구 조건은 체계 안전성 평가(SSA)에서 그 유효성이 확인되고 검증된다.

① 항공기 수준과 계통 수준의 기능 위험 평가(AFHA & SFHA)를 통해 고장 조건을 식별하고 항공기, 조종사 및 탑승자에 대한 영향을 평가하여, 고장 조건 분류를 결정한 후 고장 조건 분류에 적합한 검증 방법을 할당하고, 해당 고장 조건 발생 시 조종사가 취해야 할 행동을 고려하여 추천 사항이나 요구 조건을 설정한다. 여기서 도출된 가정 사항, 추천 사항 및 요구 조건은 체계 안전성 평가에서 유효성 확인 또는 검증을 수행한다.

② 안전 영향이 없는(No Safety Effect)", "경미한(Minor)" 및 단순하거나 백업(redundancy)이 있는 "중요한(Major)" 고장 조건에 대해서는 설계 평가와 장착 평가를 수행하여 그 정성적 평가 결과를 체계 안전성 평가에 반영한다.

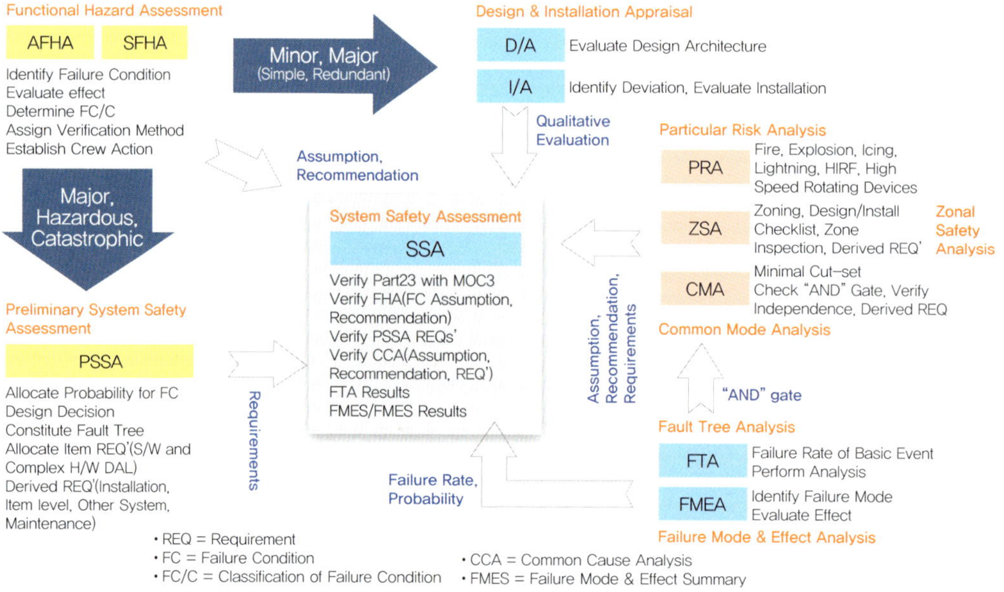

• 그림 3-2 • 안전성 평가 프로세스 요약

③ "치명적인(Catastrophic)", "위험한(Hazardous)" 및 복잡하거나 백업이 없는 "중요한(Major)" 고장 조건에 대해서는 체계 안전성 예비 평가(PSSA)를 수행하고, 결함 나무의 구조를 작성하여 다음과 같은 안전성 요구 조건을 할당하고 체계 안전성 평가에서 검증한다.

- 고장 조건 분류에 적절한 발생 확률 할당
- 계통 설계 시에 고려해야 할 설계 결정 사항
- 소프트웨어 및 복잡한 하드웨어 개발 보증 수준(DAL)에 대한 요구 조건 할당
- 장착, 품목 수준, 타 계통 및 정비를 위한 요구 조건 도출

④ 고장 조건 발생 확률의 정량적인 평가를 위해서는 결함 나무 분석(FTA)이나 고장 모드 영향 분석(FMEA)을 수행한다. 신뢰성 있는 결함 나무 분석을 위해서는 체계 안전성 예비 평가 프로세스에서 수행한 결함 나무 구조에 대한 유효성을 확인하고, 기본 사상(Basic event)으로 사용될 최하위 고장의 고장률 자료를 수집하여 그 유효성을 반드시 확인해야 한다. 결함 나무 분석 대신 고장 모드 영향 분석을 사용하고자 하면 가능한 한 모든 고장 모드를 식별하여 그 영향성을 평가한 후, 해당 고장 조건을 유발할 수 있는 모든 고장 모드의 고장률을 고려하여 고장 모드 영향 종합(FMES)에서 고장 조건의 발생 확률을 구하여 사용할 수도 있다.

⑤ 이와 동시에 공통 원인 분석(CCA)을 다음과 같이 수행한 후, 도출된 가정 사항, 추천 사항 및 요구 조건은 체계 안전성 평가에서 유효성 확인 또는 검증을 수행한다.

- 특정 위험 분석(PRA)에서는 항공기 외부에 있지만 공통 고장을 유발할 수 있는 위험요소에 대한 평가를 수행한다. 이런 전형적인 위험들은 여러 가지가 있지만, KC-100에서는 화재, 폭발, 결빙, 낙뢰, 고강도 전자기장 및 고속 회전체에 대한 분석을 수행하였다.
- 구역 안전 분석(ZSA)은 항공기를 구역으로 나눈 후, 설계 · 장착에 대한 점검 목록을 구성하여 각 구역 별로 점검을 수행하고, 안전성에 영향을 미치는 요소를 식별하여 안전성 요구 조건으로 할당한다.
- 공통 모드 분석(CMA)에서는 결함 나무 분석에서 사용되는 "AND" 게이트들이 구현된 설계상에서 실제로 독립적인가를 검증하기 위해 수행한다. 결함 나무 분석으로부터 최소 고장 경로(minimal cut-set)를 식별하여, 사용된 "AND" 게이트를 검사한 후 독립성을 검증하고, 불완전한 건에 대해서는 안전성 요구 조건을 할당한다.

⑥ 마지막으로 체계 안전성 평가에서는 다음 사항들에 대해 검증을 수행한다.

- Part 23 요구 조건 중에서 체계 안전성 평가가 입증 방법(MOC, Means Of Compliance)으로 정의된 항목(MOC3)에 대해 정성적 평가를 수행한다.
- 기능 위험 평가에서 도출된 고장 조건 분류, 가정 사항, 추천 사항 및 요구 조건에 대

하여 유효성 확인 또는 검증한다.

- 체계 안전성 예비 평가에서 도출된 모든 안전성 요구 조건에 대해 검증한다.
- 공통 원인 분석에서 도출된 모든 가정 사항, 추천 사항 및 요구 조건에 대해 유효성 확인 또는 검증한다.
- 결함 나무 분석과 고장 모드 영향 분석 · 요약(FMEA/S)의 결과는 고장 조건 발생 확률 검증의 근거 자료로 사용한다.

KC-100 항공기 개발 및 인증 과정에서의 체계 안전성 평가는 기본적으로 다음 사항을 염두에 두고 수행하였다.

① 체계 안전성 평가의 목적은 관련 인증 규정(§23.1309가 주된 규정이며 그 외 다수의 규정들이 안전성 평가를 요구할 수 있다)의 적합성을 입증하는 것이다.

② §23.1309 요건의 적합성을 보이기 위한 방법은 AC23.1309-1E를 사용한다.

③ 체계 안전성 평가의 프로세스는 ARP4761에서 제시하는 프로세스를 사용하며, 소형 왕복 엔진 항공기급에 맞게 적절히 수정하여 사용한다.

2 기능 위험 평가(FHA)

계통 수준 기능 위험 평가는 KC-100에 장착된 계통별로 아래와 같이 구분하여 기능 위험 평가를 수행하였으나, 각 계통별로 다른 문서를 작성하지는 않고 KC-100 System Functional Hazard Assessment 문서의 부록으로 작성하였다. 또한 §23.1309(f)에 의해 계통에서 제외된 품목은 기능 위험 평가에서도 제외하였다.

① 자동 조종, 동정압 및 실속 경고 계통(Autopilot, Air Data System, and Stall Warning)

② 항전 계통(Avionics)

③ 전기 계통(Electrical System)

④ 조종실, 내 · 외부 조명 및 좌석 계통(Cockpit, Interior/Exterior Lighting, and Seat)

⑤ 엔진 및 프로펠러 계통(Engine and Propeller)

⑥ 연료 계통(Fuel System)

⑦ 환경 제어 계통(Environmental Control System)

⑧ 산소 계통(Oxygen System)

⑨ 비행 조종 계통(Flight control System)

⑩ 착륙 장치 및 브레이크 계통(Landing gear and Brake System)

⑪ 제빙 계통(De-icing System)

기능 위험 평가는 ARP4761에서 제시하는 단계별로 수행하였고 이를 간략히 요약한 내용이 표 3-5에 나와 있다. 항공기 수준에서는 17개의 기능, 계통 수준에서는 121개의 기능을 식별하였으며, 이렇게 식별된 기능들의 상실과 오작동 · 오지시를 고려하여 고장 조건들을 도출하였다. 도출된 고장 조건들의 분류에 따라 요약한 것이 표 3-6에 제시되어 있다. 항공기 수준에서는

• 표 3-5 • 기능 위험 평가 프로세스

		Aircraft Level	System Level
1	Function Identification(Internal/Exchanged)	17 Functions	121 Functions
2	Identification and Description of Failure Conditions	39 Failure Conditions	270 Failure Conditions
3	Determine the Effect of Failure Condition	Effect on Airplane, Pilot, and Passengers	
4	Determine the Classification of the Failure Condition Effects	3 CAT, 11 HAZ, 13 MAJ, 11 MIN, 1 NSE	4 CAT, 13 HAZ, 68 MAJ, 162 MIN, 23 NSE
5	Assignment of Probability Requirements to Failure Conditions to be considered at the lower Level	$10^{-6} \sim 10^{-3}$	
6	Identification of the Supporting Material to Justify the Failure Condition Effect	Advisory Circulars, TSOs, AFM(POH)	
7	Identification of the Method to verify Compliance with the Failure Condition Requirements	FTA, FMEA, SSA, D/A, I/A	
8	Preparation of FHA Worksheet	AFHA Worksheet	SFHA Worksheet
9	Preparation of FHA Report	AFHA Report	SFHA Report

• 표 3-6 • 고장 조건 분류 결과 요약

고장 조건 분류	확률 요구 조건	AFHA	SFHA
Catastrophic	$<10^{-6}$	3	4
Hazardous	$<10^{-5}$	11	13
Major	$<10^{-4}$	13	68
Minor	$(<10^{-3})$	11	162
No Safety Effect	Not Required	1	23
Total		39	270

"Catastrophic" Failure Conditions are ;

① Loss of all electrical power
② Loss of primary flight information
③ Concurrent loss of primary flight control and trim control
④ Total loss of attitude display
⑤ Misleading attitude display
⑥ Misleading altitude display
⑦ Loss of protection on ESS BUS 1 & 2

Ref. No	Function	Failure Condition (Hazard Description)	Phase	Effect of Failure Condition on Aircraft/Crew/Occupant	Classification	Reference to Supporting Material	Verification	Recommended Action and Remarks
sFH-121	Attitude display to control roll and pitch	Total loss of attitude display to control roll and pitch	ALL, Night, IMC Except GD & TX	Total loss of attitude information on both IFDs and standby attitude indicator. Potential loss of spatial reference in cockpit. In IFR condition, pilot would not have sufficient information to maintain a proper attitude, and would likely inadvertently exceed attitude limits, which could result in the loss of aircraft control, possible loss of aircraft, pilot incapacitation, or pilot or occupants' fatal injuries or multiple fatalities.	CAT	AC23.1309-1D Appendix1, AC23.1311-1C paragraph 6.C.(2)	FTA, SSA	

FHA Worksheet Example

총 39개의 고장 조건이 도출되었고, 이중에서 "치명적인(Catastrophic)" 고장 조건은 3개이다. 표 3-6의 우측 상단에 있는 박스 내의 ①~③이 해당된다. 계통 수준에서는 총 270개의 고장 조건 중에서 4개가 "치명적인" 고장 조건이며, 표 3-6의 우측 상단 박스 내의 ④~⑦이 이에 해당된다.

표 3-7은 항공기 수준 기능 위험 평가의 결과를 요약한 것으로, "중요한" 이상의 고장 조건에 대해서는 적절한 발생 확률 요구 조건을 할당하였다.

• 표 3-7 • "치명적인" 고장 조건 평가 및 검증 방법

No.	Aircraft Level Function	Aircraft Level Failure Condition	Phase	Classifi-cation	Prob. Reqmt
aFH-01	Provide electrical power	Loss of all electrical power generation and storage	ALL (Night & IMC)	CAT	<1E-6
aFH-02		Loss of electrical power distribution	ALL except GD & TX	HAZ	<1E-5
aFH-03		Loss of indication of electrical power	ALL	MIN	
aFH-04	Control cabin environment	Loss of air conditioning	ALL	MIN	
aFH-05		Inability to shutoff firewall	ALL	MAJ	<1E-4
aFH-06		Loss of defogging	ALL except GD	MIN	
aFH-07	Provide communication	Loss of communication	ALL	MIN	<1E-3
aFH-07A		Concurrent loss of communication and identification	ALL except GD	MAJ	<1E-4
aFH-07B		Concurrent loss of total communication and navigation	ALL except GD (Night & IMC)	HAZ	<1E-5
aFH-08	Provide identification to Air Traffic Control	Loss of identification to ATC	ALL	MIN	<1E-3
aFH-08A		Concurrent loss of identification and exterior lighting	ALL except GD (Night & IMC)	HAZ	<1E-5
aFH-09	Provide lighting	Loss of interior lighting	ALL (Night)	MIN	
aFH-10		Loss of exterior lighting	ALL (Night)	MAJ	<1E-4
aFH-11	Provide flight information	Loss of indication of primary flight information	ALL except GD & TX (Night & IMC)	CAT	<1E-6
aFH-12		Loss of indication of other flight information	ALL	MIN	
aFH-13	Provide direction control on ground	Inability to control direction on ground	TO, LD	MAJ	<1E-4
aFH-14	Provide engine power control	Loss of engine power	CL3, DS, AP, GA	HAZ	<1E-5
aFH-15		Loss of FADEC	CL3, DS, AP, GA	HAZ	<1E-5
aFH-16		Loss of propeller thrust and control	CL3, DS, AP, GA	HAZ	<1E-5
aFH-17		Loss of indication of all engine parameters without warning	ALL except GD & TX	MAJ	<1E-4
aFH-18		Loss of fuel supply using fuel pumps	CL3, DS, AP, GA	HAZ	<1E-5
aFH-19		Loss of indication of fuel information	ALL	MIN	
aFH-20	Provide flight control	Loss of primary flight control for pitch, roll, and yaw	ALL except GD & TX	HAZ	<1E-5
aFH-20A		Concurrent loss of primary flight control for three axes, and pitch and roll trim control	ALL except GD & TX	CAT	<1E-6
aFH-21		Loss of flap control	TO, AP, GA, LD	MAJ	<1E-4
aFH-22		Loss of pitch and roll trim control	ALL except GD & TX	MIN	<1E-3
aFH-22A		Malfunction of pitch and roll trim control without warning	ALL except GD & TX	HAZ	<1E-5
aFH-23		Loss of stall warning	TO, AP, GA, LD	MAJ	<1E-4
aFH-24	Provide navigation and guidance information	Loss of all navigation and guidance information	ALL except GD	MAJ	<1E-4
aFH-26	Provide autopilot	Loss of autopilot with warning	CL, CR, DS, AP, GA	NSE	-
aFH-26A		Malfunction of autopilot without warning	CL, CR, DS, AP, GA	MAJ	<1E-4
aFH-27	Provide ground deceleration	Loss of wheel braking	TX, TO, LD	HAZ	<1E-5
aFH-28		Inability to support landing load and make friction with ground through tires	TO, LD	MAJ	<1E-4
aFH-29	Provide seating and restraint	Inability to provide seating and restraint	ALL	MAJ	
aFH-30	Provide warning and caution	Loss of all warning, caution and advisory	ALL except GD & TX	MAJ	<1E-4
aFH-31	Provide oxygen supply	Obvious loss of oxygen system	CR (above 10K ft)	MAJ	<1E-4
aFH-31A		Unnoticed loss of the oxygen system	CR (above 10K ft)	HAZ	<1E-5
aFH-32	Provide collision avoidance	Loss of TAS(Traffic Advisory System)	ALL except GD	MIN	
aFH-34	Provide ice protection	Loss of de-icing system	CL, CR, DS	MIN	

표 3-8에서는 항공기 수준 기능 위험 평가에서 "치명적인(Catastrophic)" 고장 조건으로 지정된 aFH-01(Loss of all electrical power generation and storage)에 대한 기능 위험 평가 분석지와 그 검증 방법이 결함 나무 분석(FTA) 및 체계 안전성 평가(SSA)로 지정되어 있음을 보여 주고 있다. 항공기와 계통 수준에서 도출된 309개의 고장 조건들에 대해서도 유사한 형태의 평가를 수행하였다.

• 표 3-8 • aFH-01 고장 조건에 대한 기능 위험 평가

Ref. No	Function	Failure Condition (Hazard Description)	Phase	Effect of Failure Condition on Aircraft/ Crew/Occupant	Classifi -cation	Ref. to Supporting Material	Verification	Recommended Action and Remarks
aFH-01	Provide electrical power	Loss of all electrical power generation and storage	ALL (Night & IMC)	Primary flight, navigation, engine and fuel information on IFDs are not available. Pilot can continue flight only with standby instruments not requiring electrical power for day or VMC phase. However, pilot cannot perceive primary flight information during night operation, because the backlighting of standby instruments requires aircraft electrical power. Loss of electrical power supply to other systems or equipments except IFDs and standby attitude indicator will not result in catastrophic event.	CAT	AC23.1309-1E appendix1, AFM	SSA, FTA	Dual power sources are applicable for critical equipment. Essential buses are connected to BAT1 or BAT2. [Assumption] Aircraft can be controlled by mechanical primary flight controls which do not requie airplane electrical power. [Assumption] Two alternators and two batteries are provided for electrical power generation and storage. [Assumption] Secondary battery shall provide electrical power to flight instrument, communication and navigation equipment at least 30 minutes in emergency such as total loss of alternators and main battery. [Recommendation] Battery should be vented to relieve internal battery pressure. [Recommendation]

3 체계 안전성 예비 평가(PSSA)

체계 안전성 예비 평가 분석지의 설계 결정 사항을 도출하기 위한 착안 사항으로 점검 목록을 10가지 분류로 구성하였다. 그리고 다시 하나의 안전성 요구 조건에 대하여 다음과 같은 77가지 세부 사항으로 구체화 및 검토하여 필요한 사항을 설계 결정 사항으로 도출하여 관리하고, 그 실행 및 구현 여부를 체계 안전성 평가(SSA)에서 검증하게 된다.

□ 일반 사항

✓ 현재의 아키텍처로 정성적인 안전성 요구 조건을 충족시킬 수 있는가?

✓ 위험을 해소하기 위해 백업(Redundancy)이나 예비 계통이 필요한가?

✓ 고장이 발생해도 안전한(Fail-Safe) 개념을 적용해야 하는가?

✓ 품목/계통의 작동이 다른 품목/계통에 악영향을 주지 않는가? 만약 악영향이 있다면 이를 조종사에게 통지하는 수단이 있는가?

✓ 품목/계통의 설계/장착 특성이 해당 감항 규정과 AC의 내용을 충족시킬 수 있는가?

✓ 유사 항공기의 사고 사례를 참조하여 유사 사고의 방지 대책을 마련하였는가?

✓ 동시 고장(Concurrent Failure)을 고려하였는가?

✓ AC43.13-1B 및 AC43.13-2B에 제시된 적절한 기법을 적용할 사항이 있는가?

✓ 탐지할 수 없는 고장의 수가 최소화되었는가?

✓ 관련 감항 규정 및 AC23-8C 부록 4에 따라 표식(Marking)과 플래카드를 부착하고 비행 교범에 반영하였는가?

✓ "경미한(Minor)" 이하의 고장 조건을 유발할 수 있는 기능을 수행하는 장비의 고장이 다른 "중요한(Major)" 이상의 고장 조건을 유발할 수 있는 기능을 수행하는 장비에 악영향을 주지 않는가?

□ **정량적 분석 관련**

✓ 결함 나무 상에서 품목의 고장이 어떤 경로로 고장 조건을 유발하는가?

✓ 현재의 아키텍처와 고장률 값으로 결함 나무 분석을 수행하였을 때 기능 위험 평가의 정량적 발생 확률 요구 조건을 충족할 수 있는가?

✓ 플랩 비대칭 형상의 발생 확률을 최소화하였는가?

□ **인적 요소 관련**

✓ 위험을 조종사에게 통지할 수단이 필요한가?

✓ 경고/주의를 시현하는 기준이 적절하고 명확한가?

✓ 조립/장착 오류를 방지하기 위해 실수 방지(Fool-Proof) 설계 개념을 적용해야 하는가?

✓ 계기나 조종 장치의 장착/배열에는 인적 요인(Human Factor) 특성이 적용되었는가?

✓ 조종사의 조작 실수로 인해 "중요한(Major)", "위험한(Hazardous)" 혹은 "치명적인(Catastrophic)" 고장 조건을 유발할 수 있는 요소는 없는가?

✓ 5~95 백분위 수(Percentile)의 인체 모델과 미숙련 조종사의 기량을 고려하였는가?

✓ 시각적/청각적 경고/주의 수단을 조종사가 적절히 인지할 수 있는가?

✓ 장비의 전원 차단으로 인해 항공기 운용에 악영향이 크게 미칠 수 있는 전원 스위치는 부주의한 작동이나 오작동을 방지하도록 설계하였는가?

✓ 계기나 시현기의 기호(Symbol)나 색상이 조종사의 혼동을 유발하지 않는가?

✓ 비상 차단 장치(Emergency Shut-off Device)는 조종사의 단일 행위(Single Action)만으로 가능한가?

✓ 계기, 시현기 및 경고 장치는 주간, 야간 및 예상되는 주위 조명 조건 하에서 가독성(Readability)이 충분한가?

✓ 조종사나 승객에게 상해를 줄 수 있는 날카로운 부품이 객실 내에 있는가?

✓ 낙뢰 과도 전류(Lightning Transient)나 정전기 방출(ESD, Electro-Static Discharge)로 인해 조종사나 승객에게 전기적 충격이나 상해를 줄 수 있는 요소는 없는가?

✓ 장비의 오작동(Malfunction)을 조종사에게 인지시켜야 하는 장비가 있는가?

✓ §23.561 및 §23.562의 내추락성(Crashworthiness) 및 두부 상해 기준(HIC, Head Injury Criteria) 요건을 적용해야 하는 품목이 객실/조종실 내에 장착되어 있는가?
✓ 예비 계통(Redundant System)의 지시가 주 계통(Main System)의 지시와 차이가 커서 비상시 조종사가 신뢰할 수 없는 수준은 아닌가?

□ 공통 원인 관련

✓ 공통 원인으로 인해 두 품목 이상의 고장이 발생하거나 "치명적인(Catastrophic)" 고장 조건이 유발되지 않는가?
✓ 공통 원인 분석에서 도출된 분리/격리/보호 요구 조건을 만족하는가?
✓ 가연성 유체를 이송하는 계통의 품목/배관과 점화원(Ignition Source)이 될 수 있는 품목/배선에는 화재 방지 특성이 적용되었는가?
✓ 화재 발생 시 객실 내 유독 가스의 발생이나 유입이 최소화되었는가? 또는 객실 내 유독 가스를 배출할 적절한 수단이 있는가?
✓ 유체나 가스 누출 가능성이 최소화되도록 설계하였는가?
✓ 지정 화재 구역(DFZ, Designated Fire Zone) 내의 장비/부품/배선에 적절한 화염 특성(Flammability) 요건을 할당하였는가?
✓ 가연성 유체의 배출(Drain)로 인한 화재 위험이 없는가?
✓ 연료 증기(Fuel Vapor)나 축적된 수분(Accumulated Moisture)을 적절히 배출(Vent)할 수단이 있는가?
✓ 고압 용기의 폭발 가능성을 검토하였는가?
✓ 항공기 구조물을 따라 적절한 전류 복귀 경로(Current Return Path)를 설정하였는가?

□ 환경 적합성 관련

✓ 품목/계통의 장착 위치의 온도 조절 여부에 따라 온도 관련 요구 사항이 필요한가?
✓ 품목의 환경 적합성(Environmental Qualification)을 위해 필요한 시험이 있는가?
✓ 낙뢰 직접 영향에 대한 보호를 위해 낙뢰 구역을 지정해야 하는 품목이 있는가?
✓ 결빙 보호가 필요한 품목에는 가열 장치나 예비 계통이 적용되었는가?
✓ 아주 높거나 낮은 온도에 노출되는 구역에 장착된 장비/부품/배선은 적절한 온도 범위 내에서 환경 적합성이 보장되는가?
✓ 가연성 유체를 이송하는 계통에 대해서는 낙뢰 보호 설계가 적용되었는가?

□ 전원 관련

✓ 전원 공급 및 회로 보호를 고려하였는가?

✓ 전기/전자 장비는 해당 고장 조건 분류를 고려하여 전원 공급 버스를 선정하였는가?
✓ 전기/전자 장비는 해당 전류 소모량에 맞는 회로 보호를 제공하는가?
✓ 비상시 항공기의 안전 착륙에 필수적인 장비는 별도의 전지로 전원이 공급되는가?
✓ 주 계통(Main System)과 예비 계통(Redundant System)의 전원 공급 경로와 회로 보호가 독립적인가?

□ 품목 수준

✓ 소프트웨어나 복잡한 하드웨어 품목들의 개발 보증 수준을 관련 고장 조건에 부합하게 설정하였는가?
✓ 장비에 적절한 낙뢰나 고강도 전자기장(HIRF) 보호 수준을 관련 고장 조건에 부합하게 설정하였는가?
✓ 품목이 기술 표준품(TSO)이나 다른 최소 성능 규격(MPS, Minimum Performance Specification)을 만족해야 하는가?
✓ 품목 수준에서 적격성 시험(QT, Qualification Test)이 요구되는 항목이 있는가?
✓ 품목/계통의 계속 감항 지침서(ICA, Instruction for Continued Airworthiness)에서 요구하는 특수한 정비 관련 사항이 있는가?
✓ 밸브의 고장 모드와 고장 영향을 고려하여 고장–닫힘(Fail–Closed) 또는 고장–열림(Fail–Open) 방식을 채택하였는가?

□ 장착 관련

✓ 공급 업체 품목의 장착 매뉴얼이나 장착 지시서를 준수하여 장착 설계하였는가?
✓ 주파수 간섭이나 신호 송/수신 불량이 발생하지 않도록 안테나 이격 거리와 장착을 고려하였는가 또는 안테나 패턴 분석을 수행하였는가?
✓ 비행 중 품목이 이탈되지 않도록 장착에 대한 구조 해석이 필요한가?
✓ 객실 내/외부의 품목에 대해서는 불시 착륙(Crash Landing) 시 조종사나 승객의 부상/사망을 방지할 수 있는 적절한 장착을 고려할 필요가 있는가?
✓ 품목의 점검/수리/교체가 용이하도록 배치되었는가?
✓ 품목의 용이한 점검/수리/교체를 위한 수단이 있는가?
✓ 전자기 간섭을 고려하여 특별히 이격 거리를 요구하는 품목이 있는가?
✓ 장비의 적절한 성능을 보장하기 위해 냉각(Cooling) 요구 조건이 필요한가?
✓ 장비 장착에 적절한 접지(Grounding)나 전기적 본딩(Electrical Bonding)이 필요한가?
✓ 동작 부품(Moving Part), 배관, 배선 및 주변 부품 사이에 이격 거리(Clearance)를 어느 정도로 적절히 적용해야 하는가?

✓ 비행 조종 계통과 같이 체결부 풀림으로 인한 영향이 큰 부품에는 이중 잠금 장치를 적용하였는가?

✓ 배관이나 배선의 경로(Routing)에는 과도한 꺾임을 방지하기 위해 적절한 구부림 반경(Bend Radius)을 적용하였는가?

✓ 이륙이나 착륙 중에 항공기의 정상/비정상 자세에 의해 지면과 충돌할 수 있는 부품이 항공기 외부에 있는가?

□ **비행 교범 관련 사항**

✓ 비행 교범의 비상/비정상 절차에 수록해야 하는 사항이 있는가?

✓ 고장 탐지 후 안전 비행 및 착륙을 지속할 수 있는 조종사 절차를 비행 교범에 반영할 필요가 있는가?

✓ 품목/장비 자체의 제한 사항(Limitation)이 장착이나 비행 교범에 반영되었는가?

□ **정비 교범 관련 사항**

✓ 잠재 고장(Latent Failure)을 고려하여 정비 업무의 "초과 금지(Not to Exceed)" 시간 간격을 설정하였는가?

✓ 품목의 점검/교체 주기를 정비 교범에 수록해야 하는 사항이 있는가?

✓ 관련 법령이나 감항 규정상에 명시된 주기 검사 요건을 반영하였는가?

✓ 주기적인 교정(Calibration)을 필요로 하는 장비/계통/장착이 있는가?

표 3-9는 체계 안전성 예비 평가 프로세스에 대해 각 단계별로 KC-100의 입력물과 출력물을 기술한 것이다. 각 단계별로 살펴보면 다음과 같다.

(1) 항공기 및 계통 수준의 안전성 요구 조건 목록 완성

항공기 및 계통 수준의 기능 위험 평가 결과 중에서 "중요한(Major)", "위험한(Hazardous)" 및 "치명적인(Catastrophic)" 고장 조건이 입력물이 되며, 이러한 고장 조건들에 대해 표 3-3의 기준에 따라 정량적인 발생 확률 요구 조건을 할당한 것이 출력물이 된다.

(2) 생성된 안전성 요구 조건들과 목표들에 대해 설계와 아키텍처 결정 사항 평가

계통 아키텍처, 설계 및 정성적인 결함 나무 구조를 입력물로 보고 검토 후, 각 계통 및 고장 조건 별로 설계 결정 사항을 출력물로 도출한다.

(3) 더 하위 수준의 품목 설계에 대한 안전성 요구 조건들 도출

결함 나무 구조, 계통 아키텍처, 장비 장착 매뉴얼, 계통 인터페이스 및 정비 용이성을 검토하여, 품목 수준의 개발 보증 수준과 장착 요구 조건, 품목 수준 요구 조건, 타 계통 요구 조건 및 정비 요구 조건을 도출하여 할당한다.

(4) 체계 안전성 예비 평가 보고서 작성

상기 내용들을 토대로 각 계통별 체계 안전성 예비 평가 결과를 취합하여 보고서를 작성한다.

표 3-9와 같은 단계로 수행한 체계 안전성 예비 평가 중에서 항전 계통에 대하여 수행한 예를 표 3-10~표3-15에서 보여 주고 있다.

• 표 3-9 • 체계 안전성 예비 평가 프로세스

		PSSA Input	PSSA Output
1	Complete the List of Aircraft and System Level Safety Requirements	FHA Results (CAT, HAZ, MAJ)	Probability Require-ment(CAT, HAZ, MAJ)
2	Evaluate Design/Architecture Decisions Against Generated Safety Requirements and Objectives	System Architecture, Design, Fault Tree Structure	Design Decisions
3	Derive the Safety Requirements for the Design of Lower Level Items	Fault Tree Structure, System Architecture, Equipment Installation Manual, System Interface, Easy Maintenance	Item Requirements • S/W & Complex H/W DAL Derived Requirements • Installation Requirement • Item Level Requirement • Other System Requirement • Maintenance Requirement
4	Preparation of PSSA Report		PSSA Report

• 표 3-10 • 항전 계통 설계 결정 사항

No	Safety Requirement	Design Decisions	Remarks
PS-C003	Total loss of attitude display to control roll and pitch during night & IMC operation for all phases except ground and taxiing shall be equal to or less than 1E-6 per flight.	1. Provide attitude display on both IFDs and standby attitude indicator. 2. Bank and pitch indication shall comply with TSO-C4c. 3. S/W DAL of attitude display function in IFD shall be or over than level C.	sFH-121

표 3-10은 항전 계통의 기능 위험 평가에서 "치명적인(Catastrophic)"으로 분류된 고장 조건인 sFH-121(Total loss of attitude display to control roll and pitch)에 대한 내용이다.

표 3-11의 상단은 자세 정보를 시현하기 위한 장비인 동정압 정보 및 자세 방위 기준 계통(ADAHRS, Air Data, Attitude and Heading Reference System)의 구성, 기능 및 관련 고장 조건을 기술하고, 이로부터 소프트웨어 개발 보증 수준이 수준 C 이상이어야 함을 도출하였다. 항전 계통의 구성품에 대한 결과 요약이 표 3-11의 하단에 제시되어 있다.

• 표 3-11 • **항전 계통 개발 보증 수준**

• **ADAHRS including IRU(Inertial Refernce Unit) and ADU(Air Data Unit)**

- The ADC320 air data computer system provides pressure attitude, vertical speed, IAS, Mach and TAS outputs.
- The IRU contains a microprocessor, temperature monitoring and storage for dynamic sensor compensation.
- This include precision oscillator, three MEMS silicon ring gyros and two 2 channel suspended MEMS accelerometers.
- The most severe failure condition related with the failure of ADAHRS is aFH-11 and sFH-121, which can result in the loss of attitude display on IFD.
- However, these "Catastrophic" failure conditions can be mitigated by the use of standby instruments which includes neither S/W nor CEH parts. Also, the ADAHRS does not include any CEH parts.
- So, this ADAHRS should be designed to S/W level C or higher.

S/N	Equipment	Part No.	S/W DAL	Complex H/W DAL	Related TSO & MPS	Remarks
1	IFD(Integrated Flight Display)	SCKP3400101-003	D(Traffic and Maintenance mode functions) C(Others)	C	TSO-C2d & SAE AS8019A TSO-C3e & SAE AS8004 TSO-C4c & SAE AS396B TSO-C6e & SAE AS8013A TSO-C8e & SAE AS8016A TSO-C10b & SAE AS392C TSO-C34e & RTCA/DO-192 TSO-C35d & RTCA/DO-143 TSO-C36e & RTCA/DO-195 TSO-C40c & RTCA/DO-196 TSO-C43c & SAE AS8005A TSO-C44c & SAE AS407C TSO-C45b & SAE AS8042 TSO-C47a & SAE AS408C TSO-C49b & SAE AS404C TSO-C52b & SAE AS8008 TSO-C88b & SAE AS8003 TSO-C106 & SAE AS8002A TSO-C112 & RTCA/DO-181D TSO-C113 & SAE AS8034A TSO-C128a & RTCA/DO-207 TSO-C146c & RTCA/DO-229D TSO-C147 & RTCA/DO-197A TSO-C151b & Appendices 1&3 TSO-C165 & RTCA/DO-257A TSO-C169a & RTCA/DO-186B	
1-1	Flight Display & Chassis	ADX212 (Included in IFD)	-	C		No S/W contained
1-2	ACR(Avionics Computing Resources)	ACR132 (Included in IFD)	D(Data partition) C(Others)	C		
1-3	ADAHRS(Air Data and Attitude Heading Reference System)	ADU310 & IRU310 (Included in IFD)	C	-		No CEH parts contained

표 3-12는 항전 계통 장비 및 구성품들을 KC-100 항공기에 장착하기 위한 장착 요구 조건을 도출하여 기술하였다.

• 표 3-12 • **항전 계통 장착 요구 조건**

7.3.1 Installation Requirements

1) Attitude, airspeed, altitude, and heading(direction) are the PFI(Primary Flight Information) required in §23.1311(a)(3) and(5), and they must be arranged according to §23.1321 in the "basic T" arrangement. This arrangement shall be applied to PFD page on both IFDs and is recommended for the installation of standby instruments [AC23.1311-1C].
2) Maintain at least 50.8 mm(2 inches) clearance on top and bottom of IFD to permit adequate air flow. Vent holes in the glareshield will be required if adequate clearance cannot be achieved.
3) OAT probes must be installed in a Zone 3 lightning area(an area not subject to lightning attachment) as described in SAE ARP5414, "Aircraft Lighting Zoning", dated December 1999.
4) IFDs must not be installed into an instrument panel that is oriented more than 10 degrees from vertical.

표 3-13은 항전 계통 장비나 구성품들의 품목 수준에서 필요한 요구 조건들을 도출하여 기술한 것이다.

• 표 3-13 • **항전 계통 품목 수준 요구 조건**

7.3.2 Item Level Requirements

1) Provide internal fans in IFD for adequate cooling.
2) Provide a dimming control of the CDU on IFD to control the bezel button and knob backlight brightness via the cockpit panel brightness control.
3) Consider CMA(Common Mode Analysis) for IFD to prevent concurrent failure or malfunction due to common mode failure since both IFDs are identical pieces of hardware, running identical software and they are 100% interchangeable. These common mode failures include such failures induced by software errors, lightning effects, electromagnetic interference, power transients, cooling, etc., that could simultaneously affect the display of more than one parameter.
4) Individual standby PFI indicators should be a minimum of 50.8 mm(2 inches) in diameter or, if combined, a minimum 76.2 mm(3 inches) displayed [AC23.1311-1C].

표 3-14는 항전 계통 장비나 구성품들의 안전성 요구 조건을 충족시키기 위해 타 계통의 설계나 장착에서 수행하여야 하는 안전성 요구 조건들을 도출한 것이다.

• 표 3-14 • **항전 계통에 의한 타 계통 요구 조건**

7.3.3 Requirements on other Systems

1) An Electrical Load Analysis, in accordance with AC 43.13-1B, Chapter 11, must be accomplished to determine that the electrical limits of the specific aircraft are not exceeded.
2) A positive ground path must be established between the IFD chassis and airframe ground(≤10 milliohms).

표 3-15는 항전 계통 장비, 구성품 및 장착에 대하여 안전성과 관련된 정비 요구 조건을 도출한 것이다. 이러한 요구 조건들은 대부분 비행 교범(AFM)이나 정비 교범(AMM)에 수록되거나, 주기 검사나 점검을 요구하는 항목들이 된다.

• 표 3-15 • **항전 계통 정비 요구 조건**

7.3.4 Safety Maintenance Requirements

1) S/W DAL of maintenance mode function in IFD shall be or over than level D.
2) The AFM shall contain the limitations and the operating and emergency procedures applicable to the equipment installed [AC23.1311-1C].
3) Provide access door for maintenance of magnetometer and OAT probe assembly.
4) Periodical inspection for mode S transponder is required at least every 24 month(Flight Safety Regulations, Section 8.1.4.6).

4 특정 위험 분석(PRA)

표 3-16은 ARP4761의 특정 위험 분석 각 단계에 대한 입력물과 출력물을 각각 보여 주고 있다. 각 단계별로 살펴보면 다음과 같다.

① KC-100의 외부에 있는 특정 위험으로 화재, 폭발, 결빙, 낙뢰, 고강도 방사장 및 고속 회전체의 6가지 위험을 선정하여 각각의 위험을 정의하였다.

② 각각의 특정 위험에 대해 고장 기전(Failure Mechanism)을 검토하여 고장 모델을 설정하였다.

③ Part 23의 감항 요건을 검토하여 각각의 특정 위험에 대해 적용하거나 충족시켜야 하는 요건의 목록과 적합성 입증 방법을 기술하였다.

• 표 3-16 • **특정 위험 분석(PRA) 프로세스**

		PRA Input	PRA Output
1	Define the details of the particular risk	Selection of Risks(6)	Definition of Risks(6)
2	Define the failure model to be used	Failure Mechanism	Failure Model
3	List the requirements to be fulfilled	Part 23 Regulations	Applicable Regulations
4	Define the affected zones/areas	Aircraft Zoning	Affected Zones
5	Define the affected systems/items	System and Item List	Affected Systems/Items
6	Define the design/installation precautions	Design/Install' Guide	Inspection of Checklist
7	Review the consequences of the particular risk on the affected items	CATIA Model, FMEA, PSSA, System Interface	PRA Worksheet
8	Review the effect of the particular risk on the aircraft due to failure modes		Crosscheck with SSA
9	Determine if the consequences are acceptable	Classification of FC, Mitigation Plan	Justify or Change Design
10	Prepare PRA Report		PRA Report

④ 구역 안전 분석에서 구분한 구역 정의를 보고 각각의 특정 위험에 영향을 받을 수 있는 구역을 식별하였다.

⑤ 구역 안전 분석에서 사용하는 구역별 계통 · 장비 · 품목 장착 목록과 도해를 검토하여 각각의 특정 위험으로 인해 영향을 받는 계통과 품목을 식별하였다.

⑥ 구역 안전 분석의 설계 · 장착 안내서를 참조하여 점검 목록을 완성하고, 설계 · 장착에 대한 예방책을 강구하였다.

⑦ CATIA 모델, 고장 모드 영향 분석, 체계 안전성 예비 평가나 계통 인터페이스를 참조하여, 해당 특정 위험이 영향받는 품목에 주는 결과를 검토하여 특정 위험 분석 분석지를 완성하였다.

⑧ 또한, 특정 위험이 고장 모드에 의해 항공기에 미치는 영향을 검토하여 추천 사항과 요구 조건을 설정하였고, 이를 체계 안전성 평가에서 입증하도록 입력하였다.

⑨ 상기 결과가 기존에 기능 위험 평가에서 설정한 고장 조건 분류보다 높지 않음을 확인하고, 해당 위험을 완화할 수 있는 설계상의 완화 계획을 수립하였다. 만족스럽지 못한 경우에는 설계를 변경하도록 요구 조건을 설정하여 실제 설계에 반영하였다.

⑩ 상기 모든 사항들을 통합하여 상기 목차와 같이 특정 위험 분석 보고서를 작성하였다.

표 3-17은 결빙에 의해 발생할 수 있는 "치명적인(Catastrophic)" 위험 요소에 대한 분석을 보여 주고 있다.

• 표 3-17 • 결빙 위험 분석 중 치명적인 고장 조건

Particular Risk Analysis						
Particular Risk : Icing			System : Air Data System			
Part 23 Paragraph	Affected Items	Consequences	Classifi -cation	FHA Failure Condition	Reference	Design Precautions
§23.1325(b)	Static pressure system	Static vent icing can occur during both VFR and IFR conditions with hazardous results. Airframe ice accumulation would disturb airflow in the vicinity of static port(s) causing errors in the static pressure systems and altimeter indications. Especially, the misleading or reverse altitude display may result in catastrophic event because pilot may control airplane in reverse direction.	CAT	Misleading altitude display without warning	sFH-131 [ALL except GD(Night & IMC)]	An alternate source of static pressure is used. The alternate static source is not restricted to emergency conditions but may be used to monitor the primary static system.
§23.1325(c)	3-way toggle valve for alternate static source	If one source is selected and the other source is open, the variation or error for altitude or airspeed may occur, unless it is verified that this situation does not result in significant changes. If both sources are blocked simultaneously, total loss of altitude display may occur.	CAT	Misleading altitude display without warning	sFH-131 [ALL except GD(Night & IMC)]	Three way valve should be incorporated in static line to meet the §23.1325(c). This should be verified by ground or flight test.
§23.1325(e)	Static pressure system	Static systems not calibrated periodically may result in the misleading or reverse altitude display, which can be the catastrophic event.	CAT	Misleading altitude display without warning	sFH-131 [ALL except GD(Night & IMC)]	The static pressure system should be calibrated to meet the §23.1325(e) periodically. At least 24 months interval is recommended, and this should be included in the scheduled maintenance in AMM.

표 3-18은 낙뢰 타격에 의해 발생할 수 있는 "치명적인(Catastrophic)" 위험 요소에 대한 분석을 보여 주고 있다.

• 표 3-18 • 낙뢰 위험 분석 중 치명적인 고장 조건

Particular Risk Analysis						
Particular Risk: Lightning Strike			System: Powerplant			
Part 23 Paragraph	Affected Items	Consequences	Classifi -cation	FHA Failure Condition	Reference	Design Precautions
§23.867(a) &(b)	ECU(FADEC)	ECU failure can occur due to lightning transient. Bonding, lightning protection, and static electricity are fundamental aspects of an EEC installation. Demonstration of compliance with this section is required regardless of the type of intended operation: VFR or IFR, day or night.	CAT (HAZ)	Special Condition (Loss of FADEC)	K23-001-SC (aFH-15 [CL3, DS, AP, GA])	Because the EEC manufacturer which is identical with engine manufacturer(CMI) provides installation instructions and approved substantiation data showing compliance with the requirements of § 23.867, KAI need not show additional compliance.
§23.901(b)	ECU(FADEC)	ECU failure can occur due to lightning transient. A lightning strike on an EEC equipped airplane may produce momentary interruptions of either the engine indications or engine operation, or both. Loss of two channels of ECUs is "Hazardous". Loss of one channel of ECUs is "Minor". Lightning transient may affect all ECUs, so the classification of this failure condition is considered as "Hazardous".	CAT (HAZ)	Special Condition (Loss of FADEC)	K23-001-SC (aFH-15 [CL3, DS, AP, GA])	ECUs are located in Zone 1A. According to § 11.19, special conditions, may be required for ECU(FADEC) installation to comply with the requirements of § 23.1309. For this special condition, lightning test is included. Lightning indirect effect test for KC-100 prototype aircraft will be conducted. This test result will be included in KPCR20302, Ground Test Report for KC-100 Lightning Indirect Effect. If ECUs can be damaged by lightning transient, the use of TVS(Transient Voltage Suppressor) is recommended

		However, it is considered as "Catastrophic" for lightning and HIRF by special condition.				for power input to ECUs.
§23.1309(e)	ECU(FADEC)	See consequences for upper § 23.901(b).	CAT (HAZ)	Special Condition (Loss of FADEC)	K23-001-SC (aFH-15 [CL3, DS, AP, GA])	The level of upset acceptable for the engine control aspects of the EEC as well as the additional functions and features of the EEC will be specified. It is shown in KPPR00003, KC-100 System Level FHA, that the interruptions of either the engine indications or engine operation, or both, do not cause an unsafe condition. Additionally, it is shown that the engine control functions recover the engine without hazard or increase to the crew workload. The EEC system installation is in compliance with the requirements of § 23.1309(a) through(e) as shown in SFHA and FTA. Relating compliance with this requirement, the reliability of the control system meets accepted § 23.1309 hardware reliability levels used for other airplane electronic systems.

표 3-19는 고강도 전자기장(HIRF)에 의해 발생할 수 있는 "치명적인(Catastrophic)" 위험 요소에 대한 분석을 보여 주고 있다.

• 표 3-19 • **고강도 전자기장(HIRF) 위험 분석 중 치명적인 고장 조건**

Particular Risk Analysis						
Particular Risk: HIRF(High Intensity Radiated Fields)			System: Cockpit, Powerplant			
Part 23 Paragraph	**Affected Items**	**Consequences**	**Classifi-cation**	**FHA Failure Condition**	**Reference**	**Design Precautions**
§23.1308(a), Appendix J.(a)	Standby Attitude Indicator	In case of both IFD and standby attitude indicator failure due to HIRF, pilot cannot have any instrument indicating aircraft attitude. Pilot's incapability to keep aircraft attitude for desired maneuver. Aircraft loss may occur.	CAT	Total loss of attitude display to control roll and pitch	sFH-121 [ALL except GD & TX(Night & IMC)]	Standby attitude indicator shall be protected with HIRF level A display system.
Part 23 Paragraph	**Affected Items**	**Consequences**	**Classifi-cation**	**FHA Failure Condition**	**Reference**	**Design Precautions**
§23.1308(a), Appendix J.(a)	ECU(FADEC)	Proper power control cannot be made automatically by ECU.	CAT (HAZ)	Special Condition (Loss of FADEC)	K23-001-SC (aFH-15 [CL3, DS, AP, GA])	This is considered as catastrophic by special condition. Dual channel FADEC is provided. FADEC system is qualified as category "Y" for radio frequency susceptibility in accordance with chapter 20.0 in RTCA DO-160D.
Part 23 Paragraph	**Affected Items**	**Consequences**	**Classifi-cation**	**FHA Failure Condition**	**Reference**	**Design Precautions**
§23.1308(a), Appendix J.(a),(b), §23.1309(e)	Function to Indicate primary flight information	Loss of primary flight information. Concurrent loss of IFDs and standby instruments. Total loss of attitude display in IMC flight can lead to inability of continued safe flight and landing.	CAT	Loss of indication of primary flight information	aFH-11 [ALL except GD & TX(Night & IMC)]	Function shall not be adversely affected during and after the exposure to HIRF environment I. Functions shall automatically recover after the exposure to HIRF environment I & II. This level A display function will be verified by analysis using generic transfer function and attenuation factor based on equipment test per section 20 in DO-160. This result will be included in KPCR20306, HIRF Compliance Report for KC-100.

§23.1308(a), Appendix J.(a),(b), §23.1309(e)	Function to display attitude to control roll and pitch	Total loss of attitude display to control roll and pitch, or misleading and/or malfunction of attitude display without warning may occur. Standby attitude indicator may be affected by HIRF.	CAT	Total loss of attitude display to control roll and pitch	sFH-121 [ALL except GD & TX(Night & IMC)]	See upper design precautions for primary flight information.

표 3-20은 앞의 "치명적인(Catastrophic)" 사상(Event)들에 대하여 해당 특정 위험, 영향받는 계통 · 품목, 관련 고장 조건, 고장 원인 및 완화 계획을 요약하여 기록한 것이다.

• 표 3-20 • 특정 위험 분석의 치명적인 고장 조건 요약

No	Classifi-cation	Particular Risk	System & Equipment	Failure Condition	Cause of Failure	Mitigation
1	CAT	Icing	Air Data System(Static vent)	Misleading altitude display without warning	Static vent icing, § 23.1325(b)	1. Alternate static source is provided. 2. The adequacy of alternate static source will be verified by ground and flight test for pitot-static system.
2	CAT	Icing	Air Data System (3-way toggle valve)	Misleading altitude display without warning	Both static source blockage due to icing and alternate static source failure, §23.1325(c)	1. The 3-way toggle valve is provided to prevent the concurrent loss of static pressure from static ports and alternate static source. 2. The adequacy of alternate static source will be verified by ground and flight test for pitot-static system.
3	CAT	Icing	Air Data System	Misleading altitude display without warning	Inaccurate static system due to missed calibration, §23.1325(e)	1. Periodical calibration of pitot static system will be included in AMM.
4	CAT	Lightning	Powerplant(ECUs)	Loss of FADEC	Lightning indirect effect, 23.867(a) &(b)	1. Dual channel FADEC is provided. 2. Gliding performance will be demonstrated through flight test. 3. This will be analyzed as level "A" display system for lightning indirect effect based on section 22 testing in DO-160.
5	CAT	Lightning	Powerplant(ECUs)	Loss of FADEC	Lightning indirect effect, 23.901(b)	1. Refer to the above.
6	CAT	Lightning	Powerplant(ECUs)	Loss of FADEC	Lightning indirect effect, 23.1309(e)	1. Refer to the above.
7	CAT	HIRF	Cockpit(Standby attitude indicator)	Total loss of attitude display to control roll and pitch	Inadvertent exposure to HIRF	1. Standby attitude indicator meets the requirement for level "A" display system for HIRF based on section 20 testing in DO-160.
8	CAT	HIRF	Powerplant(ECUs)	Loss of FADEC	Inadvertent exposure to HIRF	1. Dual channel FADEC is provided. 2. Gliding performance will be demonstrated through flight test.
9	CAT	HIRF	Avionics(IFDs)	Loss of indication of primary flight information	Inadvertent exposure to HIRF	1. Standby attitude indicator meets the requirement for level "A" display system for HIRF based on section 20 testing in DO-160. 2. Other standby instruments such as altimeter, airspeed indicator and magnetic compass are mechanical instruments which are not affected by HIRF condition.
10	CAT	HIRF	Avionics(IFDs)	Total loss of attitude display to control roll and pitch	Inadvertent exposure to HIRF	1. Standby attitude indicator meets the requirement for level "A" display system for HIRF based on section 20 testing in DO-160.

5 구역 안전 분석(ZSA)

표 3-21에서는 계통 간의 인터페이스를 검사하기 위하여 KC-100에서 실제로 구역 안전 분석을 수행한 프로세스를 보여 주고 있다. 구역별로 검사한 후에는 새로운 설계 · 장착 요구 조건이 도출될 수 있으며, 설계에 반영 여부는 체계적인 관점에서 판단해야 한다. 최초의 검사는 CATIA 모델을 기반으로 하였으며, 설계가 진행되어 실물 항공기가 준비되는 동안에 조립체 및 장착에 대한 구역 안전 검사를 재수행하고, 문제점이 부각된 것에 대하여 개선 조치를 수행하였다. 각 단계별 세부 내용은 다음과 같다.

① **설계 · 장착 안내서 준비** : Part 23 규정, AC, ARP 문서나 각종 정비 관련 경험들을 참고하여 KC-100 설계 · 장착을 위한 안내서를 출력물로 작성한다.

② **항공기 구역화 시행** : KC-100 항공기의 외형선(OML)과 내부 방벽(barrier)을 기준으로 항공기를 구역화한다. 구역화된 각 구역에는 구역 번호를 부여한다

③ **설계 · 장착 점검 목록** : 작성된 설계 · 장착 안내서를 기준으로 하여 KC-100의 각 구역에 대한 특정 설계 · 장착 점검 목록을 작성한다.

④ **각 구역 내의 품목 목록** : 항공기 내 · 외부의 배치도와 모든 장착도를 참조하여 항공기의 각 구역 내에 장착된 구성품들을 식별하여 각 구역의 품목 목록과 그 도해를 준비한다.

⑤ **각 구역의 장착 검사** : 설계 · 장착 점검 목록과 구역별 품목 목록을 가지고, CATIA 모델이나 실물 항공기를 대상으로 하여 구역별 검사를 수행하고, 안전성을 검증할 수 있는 분리 · 격리 상태를 기록한다.

⑥ **구역 안전 분석 보고서 작성** : 상기 결과를 종합하여 구역 안전 분석 보고서를 작성한다.

• 표 3-21 • **구역 안전 분석 프로세스**

		ZSA Input	ZSA Output
1	Prepare Design and Installation Guidelines	Part23 Regulations, Advisory Circulars, ARP, Mainenance Practices	Design/Installation Guideline
2	Perform Aircraft Zoning	OML & Barriers	Zoning & Numbering
3	Prepare Design and Installation Checklist	Design/Install' Guideline	Design/Install' Checklist
4	Prepare List of Items within each Zone	External/Internal Layout, Installation Drawings	Item List by Zone
5	Inspect the Installation in the Zone	CATIA Model by Zone, Prototype Aircraft	Inspection Results, Separation Status, Segregation Status
6	Inspect for Systems/Items Interference		
7	Prepare ZSA Report		ZSA Report

KC-100의 구역화는 기본적으로 동체, 날개, 미익 및 착륙 장치의 주요 조립체를 기준으로 각각 20번대, 30번대, 40번대 및 50번대의 구역 번호를 가지도록 구성하였다.

또한, 각 주요 조립체에 대하여 격리 가능한 방벽들을 기준으로 하여 세분화하고 구역 번호를 부여하였다. 이러한 격리 가능한 방벽들의 예는 방화벽, 벌크 헤드, 구조 프레임, 날개 리브, 동체 플로어, 계기 패널, 조종면 등이 될 수 있다. 그림 3-3은KC-100의 구역화를 도식화한 것이다.

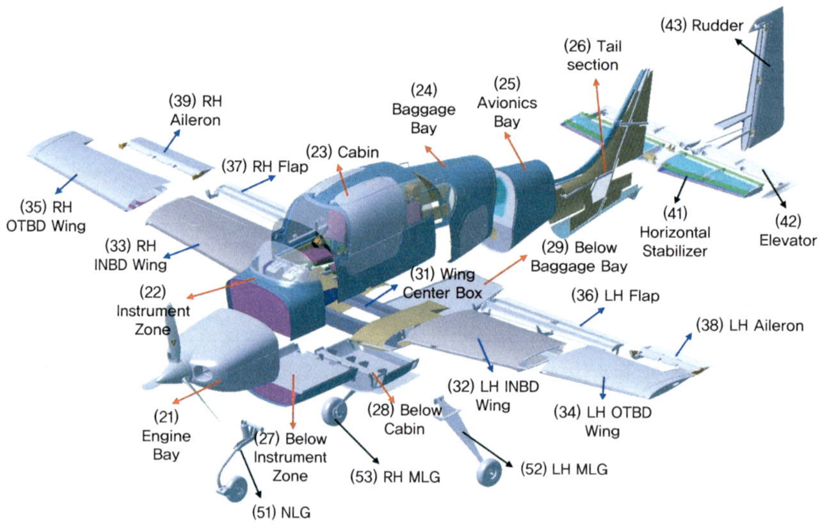

• 그림 3-3 • 구역 안전 분석용 구역화

각 구역별로 장착된 계통과 장비의 목록을 그림 3-4와 같이 도식화해야 검사를 용이하게 수행할 수 있다. 일단 그림 3-4의 좌측 상단과 같이 각 구역 내에 장착된 장비를 모두 식별하여 해당 계통명, 부품 번호와 부품명을 찾고, 식별 번호를 부여한다. 그 다음 그림 3-4의 하단에 있는 두 그림처럼 해당 구역에 실제로 장착된 형상의 그림이나 사진으로 실제 위치를 쉽게 찾을 수 있도록 도식화한다.

구역 안전 분석용 점검 목록을 생성하기 위해서는 우선 설계 · 장착 안내서를 구성해야 한다. KC-100 항공기의 설계 · 장착 안내서를 구성하기 위해서 다음과 같은 문서들을 참조하였다.

① 유사 항공기 설계 요구 조건 및 목표

② Part 23 인증 요건

③ Part 91 또는 운항 기술 기준 요건

④ FAA Advisory Circular

⑤ SAE 문서

⑥ KC-100 안전성 평가 문서 중 추천 사항 및 요구 조건

NO	Component ID	Group	Part Number	Part Name	Remarks
1	25B010	ADS	KP347013-101	Static port	
2	25C010	Avionics	SDKP256007-003	ELT antenna	
3	25C020	Avionics	SDKP256001-003	ELT	
4	25C030	Avionics	SDKP3400105-003	TAS	
5	25C040	Avionics	SDKP345008-003	DME	
6	25D010	Electrical	SDKP243201-003	Battery2	
7	25D020	Electrical	M5593-10-0360	Battery2 vent hose	
8	25D030	Electrical	KP330194-011	WH3301	
9	25H010	ECS	SDKP2100103-003	Condenser core	
10	25H011	ECS	SDKP2100124-003	Condenser inlet duct adapter	
11	25H012	ECS	SDKP2100119-003	Condenser inlet duct	
12	25H020	ECS	SDKP2100120-003	Condenser outlet duct	
13	25H021	ECS	SDKP2100125-003	Condenser outlet duct adapter	
14	25H030	ECS	SDKP2100121-003	Fan module	
15	25H040	ECS	SDKP2100122-003	Receiver dryer	
16	25H050	ECS	SDKP2100117-003	Refrigerant high pressure hose NO3	
17	25H060	ECS	SDKP2100113-003	Refrigerant high pressure hose NO2	
18	25H070	ECS	SDKP2100118-003	Refrigerant high pressure hose NO4	
19	25J010	Oxygen	KP300050-111	Low press tubing	
20	25J011	Oxygen	SDKP3500111-003	Oxygen Bottle Ground Strap	
21	25J020	Oxygen	SDKP3500110-003	Non-conductor Oxygen Hose	
22	25K010	FCS	SDKP273006-003	Elevator rod NO6	
23	25K020	FCS	KP273001-093	MID elevator bellcrank	
24	25M010	De-icing	KP300050-101	De-icing tube	
25	25M020	De-icing	SDKP3000209-003	Proportioning unit H/T	

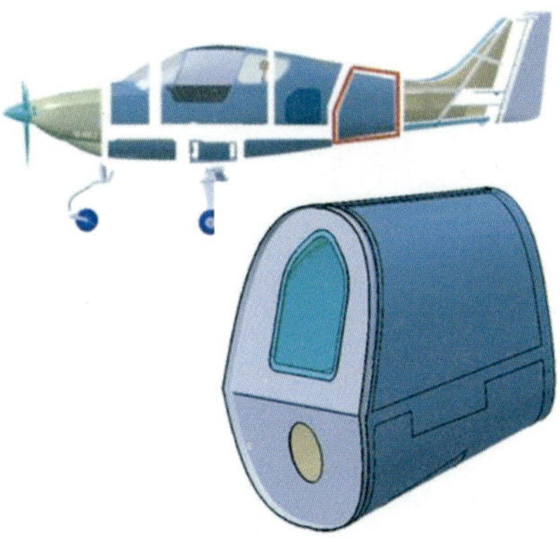

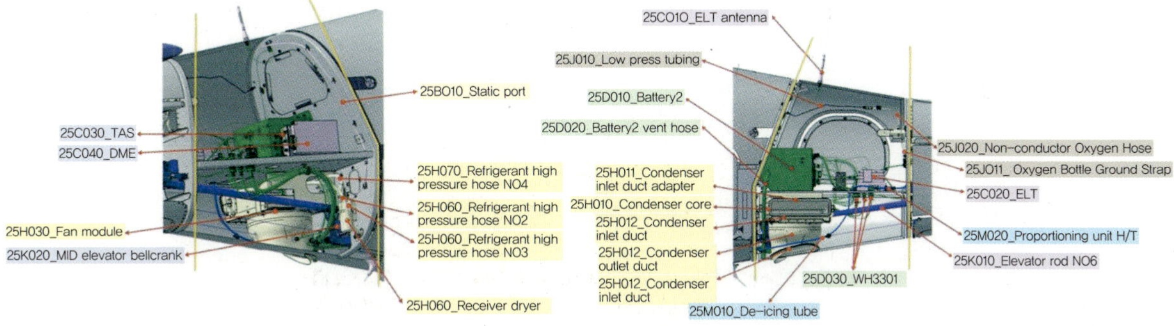

• 그림 3-4 • 구역별 계통 및 장비 목록 예(구역 25)

상기 문서들을 참조하여 총 546개의 설계 · 장착 지침을 수록한 설계 · 장착 안내서를 작성하였다. 그리고 이를 기반으로 하여 표 3-22와 같이 분류하여 원래의 안내서 내용을 KC-100에 실질적으로 적용 가능한 내용으로 변경하여 해당 계통과 구성품을 명시한 구역 안전 분석용 점검 목록을 표 3-23과 같이 생성하였다.

• 표 3-22 • **구역 안전 분석용 점검 목록의 분류**

Category	Description	Number of Checkpoints
P	Principle	2
D	Design	176
I	Installation	172
V	Verify	20
M	Maintenance	10
H	AFM(POH)	16
A	Assessment(AFHA, SFHA, PSSA)	546

• 표 3-23 • 구역 안전 분석용 점검 목록의 예

No	Category	Source	Original Guideline	KC-100 Specific Guideline	System	Component	Zone
D-024	Design	§23.685 (d)	Each element of the flight control system must have design features, or must be distinctively and permanently marked, to minimize the possibility of incorrect assembly that could result in malfunctioning of the control system.	Flight control rods with the probability of wrong assembly shall have the foolproof design features, or be clearly and permanently marked at its both ends.	FCS	Control rods	
I-116	Install	§23.1451 (b)	Oxygen equipment and lines must be protected from heat that may be generated in, or escape from, any designated fire zone.	Oxygen system shall be protected against heat in or from engine bay. Because the most forward equipment of oxygen system except for the oxygen display & controller is the oxygen manifold, there is no hazard resulting from the heat in or from engine bay.	Oxygen	Oxygen system	
M-003	Maintain	§23.973 (a)	Each fuel tank filler connection must be marked as prescribed in §23.1557(c).	Marking of fuel filler cap shall meet the §23.1557(c)(1)(i) like the followings: (1) The word "Avgas" shall be marked. (2) The minimum fuel grade shall be marked.	Fuel	Fuel filler caps	
A-046	aFH-30	AFHA	Recommendation in case of loss of warning and caution	(1) Indication of each related system shall be used to indicate a situation. (2) Warning and caution should be placed in pilot view.	Avionics	IFDs, DAU	

상기 점검 목록에 의거하여, KC-100 항공기의 모든 구역에 대해 구역 안전 분석 점검을 실시하였으며, 표 3-24와 같이 검사결과가 점검 목록의 항목을 충족하는지 여부를 기록하였다.

• 표 3-24 • KC-100 구역 안전 분석 검사 결과의 예

System	Component Name(Part No.)	Corresponding Hazards or Effect	Checklist No.	Check point	Description for Separation/Segregation	Status
FCS (Zone 22)	Elevator control rod	Changes in control force due to wrong assembly of control rod	D-024, §23.685 (d)	Flight control rods with the probability of wrong assembly shall have the foolproof design features, or be clearly and permanently marked at its both ends.	(1) Incorrect installation of control rod is prevented through the following design characteristics: a. Different size of fork end  b. Exact symmetry  c. Different type of fork end or ball end  d. Orthogonality between both ends 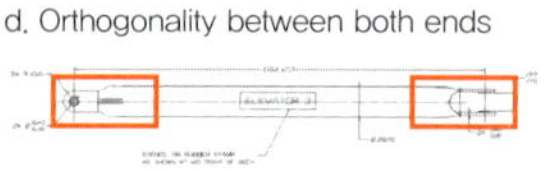 e. Combination of the above methods (2) Marking of control axis and part number is provided through stencil or rubber stamp in the middle of the rod body.	Closed

Oxygen (Zone 23)	Oxygen manifold install (KP350040-101)	Additional fire	I-116, §23.1451 (b)	Oxygen system shall be protected against heat in or from engine bay.	Because the most forward equipment of oxygen system except for the oxygen display & controller is the oxygen manifold, there is no hazard resulting from the heat in or from engine bay.	Closed
Fuel (Zone 32)	Refuel cap (SDKP281080-003), Refuel adapter (SDKP281080-005), Fuel line fittings	Inadvertent refueling	M-003, §23.973 (a)	Marking of fuel filler cap shall meet the § 23.1557(c)(1)(i) like the followings ; (1) The word "Avgas" shall be marked. (2) The minimum fuel grade shall be marked.	For this purpose, such as word is marked on refuel cap as following figure. 	Closed
Avionics (Zone 22)	IFDs (SCKP3400101-003)	Inability or inconvenience to perceive information	A-046, aFH-30	Warning and caution should be placed in pilot view.	Warning and caution is displayed on LIFD. And LIFD is located in pilot view.	Closed

6 공통 모드 분석(CMA)

표 3-25는 KC-100에서 실제로 수행한 공통 모드 분석 프로세스에 대해 각 단계 별로 입력물과 출력물을 기술한 것이다. 각 단계 별로 살펴보면 다음과 같다.

① 공통 모드 분석 점검 목록 작성

- 입력물 : ARP4761, Table K1에 제시된 공통 모드 분석 점검 목록
- 출력물 : KC-100에 적합한 공통 모드 분석 점검 목록

② 공통 모드 식별

- 결합 나무 분석 결과로부터 "AND" 게이트를 식별
- 식별한 "AND" 게이트를 입력물로 하여 공통 모드 목록 작성

• 표 3-25 • 공통 모드 분석 프로세스

		CMA Input	CMA Output
1	Establish Common Mode checklist(KC-100)	General Common Mode Checklist in ARP4761	KC-100 Common Mode checklist
2	Identify Common Mode for KC-100	Identified "AND" Gate	Common Mode List
3	Identify the CMA Requirement	• Design architecture • Component characteristics • System specification • Information of system and equipment	CMA Requirement to verify independence of common mode
4	Analyze to meet the CMA Requirements	• PRA Result(Lightning/HIRF) • ZSA Result(Location) • DO-178B(S/W Level) • Design information	Verification of compliance with CMA requirement
5	Prepare CMA Report		CMA Report

- 공통 모드 선정 시에는 “AND” 게이트로 구성된 개별 사상이 상위 고장 조건의 발생 확률 요구 조건을 모두 만족하는 경우에는 점검 목록 대상에서 제외
- 이러한 과정을 거쳐 공통 모드 목록을 작성하는 것이 출력물이 됨

③ 공통 모드 분석 요구 조건 식별

- 도출한 개별 공통 모드 항목에 대해 공통 모드 분석 요구 조건 도출
- 설계 아키텍처, 구성품 특성, 계통 규격 및 계통 · 장비 정보를 입력물로 하여 독립성 검증을 위한 요구 조건을 식별하여 출력물로 도출

④ 공통 모드 분석 요구 조건을 만족하는지 분석

- 특정 위험 분석 결과, 구역 안전 분석 결과, DO-178에 따른 소프트웨어 개발 보증 수준 및 설계 정보들을 입력물로 이용하여 해당 장비들의 독립성이 보장되는지 판단
- 만일 독립성이 보장되지 않는다면 해당 장비들을 신뢰성이 높은 장비들로 교체하거나 독립성이 보장되도록 설계 변경안 제시
- 요구 조건을 모두 만족한다면 검증한 결과를 정리하여 결과물로 도출

⑤ 보고서 작성 : 상기 내용을 토대로 공통 모드 분석 보고서 작성

공통 모드 분석을 위해 독립성을 점검해야 할 목록은 ARP4761의 공통 모드 확인 목록에 기초로 하여 표 3-26과 같이 KC-100에 적합한 항목으로 도출하였다.

• 표 3-26 • 공통 모드 분석 점검 목록의 예

Common Mode Types	Common Modes Sub-types	Common Mode Sources	Means of verification	Reference Document
Concept and Design	Design architecture	Equipment protection	Equipment can be damaged lightning effect. So, lightning test and lightning protection design is applied to aircraft and equipment.	• Particular Risk Analysis • KC-100 Design Guide for Lightning & Electrical Bonding • Ground Test Report for KC-100 EMC
Manu-facturing	Manu-facturing	Common manufacturer	This case is covered by quality audit at manufacturer or equivalent quality assurance documentation.	Quality assurance documentation for all components.
Environ-mental	Mechanical and Thermal	Temperature	If required, equipment is qualified for expected temperatures.	• Compliance matrix document • RTCA/DO-160E(Section5. Temperature Variation)
		Grit	If required, equipment is qualified for expected grit damage.	• Compliance matrix document • RTCA/DO-160E(Section12. Sand and Dust)

ARP4761에서 정의된 공통 모드 확인 목록 중 체계 안전성 평가의 다른 방법, 시험, 분석 등을 통해 공통 고장이 발생하지 않음을 검증/확인이 가능한 항목들은 해당 방법 및 참고 문서를 기술하고 공통 모드 분석에서는 제외시켰다.

공통 모드 분석의 대상을 선정하기 위해 결함 나무 분석 결과에서 최소 고장 경로(Minimal Cutset) 목록을 추출해야 한다. 최소 고장 경로의 경우 개별 고장 조합을 공통 모드 하나로 연결하는 것이 아니라, 장비 단위의 개념으로 확대해야 한다. 즉, 유사한 성격의 고장 조합을 하나의 공통 모드로 도출해야 한다. 그 예는 표 3-27과 같다.

• 표 3-27 • **공통 모드 및 요구 조건 식별의 예**

No.	Cutsets(ANDed Event)			Requirement No.
	1	2	3	
1	Failure of display in LIFD	Failure of display in RIFD		CM-B01
2	Failure of ACR in LIFD	Failure of display in RIFD		CM-B01
3	Failure of display in LIFD	Failure of ACR in RIFD		CM-B01
4	Failure of FPSM in LIFD	Failure of display in RIFD		CM-B01
5	Failure of display in LIFD	Failure of FPSM in RIFD		CM-B01
6	Failure of MPIO in LIFD	Failure of display in RIFD		CM-B01
7	Failure of display in LIFD	Failure of MPIO in RIFD		CM-B01
8	Failure of byteflight in LIFD	Failure of display in RIFD		CM-B01
9	Failure of display in LIFD	Failure of byteflight in RIFD		CM-B01
10	Failure of ADAHRS in LIFD	Failure of display in RIFD		CM-B01
11	Failure of display in LIFD	Failure of ADAHRS in RIFD		CM-B01

표 3-26의 점검 목록을 기준으로 모든 "AND" 게이트로 묶인 장비들에 대하여 검토한 결과, 동시 고장을 유발할 수 있는 위험 요소를 가진 항목만을 선정하여 표 3-28의 양식에 정리하게 된다.

• 표 3-28 • **공통 모드에 의한 위험 요소 식별의 예**

Common Mode Type	Common Modes Sub-types	Common Mode Sources	Parts		Independence or Dissimilarity	Similarity or Risk
			LIFD	RIFD		
Concept and design	Design architecture	Electrical power source	LIFD is connected to essential bus1. And alternator2 supply to essential bus1 on normal operation.	RIFD is connected to essential bus2. And alternator2 supply to essential bus2 on normal operation.	LIFD and RIFD are connected different electrical bus on power panel. (essential bus1, essential bus2)	LIFD and RIFD receive electrical power from same power source in normal operation. (alternator2)
	Technology, Materials, Equipment type	Same S/W				LIFD and RIFD are identical. So, it can lead to same malfunction by the same software error.

표 3-29는 앞서 표 3-28에서 식별한 위험 요소를 제거하기 위해 KC-100에서 실제로 설계 및 구현한 사항을 도출한 설계 정당화(Design Justification)로 기술한 것이다.

• 표 3-29 • 공통 모드 분석 위험에 대한 설계 정당화의 예

Requirement No.	Common Mode Sources	Common Mode Failure	Design Justification	Status
CM-B01	Same power source	Alternator2 failure can lead to common mode failure of LIFD and RIFD.	Same electrical power source of both IFDs can be occurred common mode failure. So, electrical power source of IFDs must be independent. For this purpose electrical design of KC-100 has design feature as followings (1) Primary electrical power of both IFDs is provided from alternator2 on normal operation. (2) If alternator2 fails, second electrical power source is alternator1. (3) If alternator 1&2 fails, battery2 supply electrical power. At this time, turn off the one of both IFDs will be recommended to protect shortage of electronics on AFM. (4) If alternator 1, 2 and battery2 fail, battery1 supplies electrical power. Electrical power source of IFDs is constructed multiple redundancy. So, this common mode failure is neglected.	Closed
	Same S/W	LIFD and RIFD are identical. So, same software error of IFDs can lead to same malfunction.	Software development assurance level of IFD is C. Item of S/W DAL C is developed comply with design standard in DO-178. Representative design characteristics are as followings. (1) Algorithms are accurate. (2) Source code is accurate and consistent (3) Output of software integration process is complete and correct Software of IFD is reliable. So, risk of common mode fail by same soft error is minimized.	Closed

7 결함 나무 분석(FTA)

표 3-30은 결함 나무 분석 과정에서 각 단계별로 KC-100의 입력물과 출력물을 기술한 것이다. 각 단계별로 살펴보면 다음과 같다.

(1) 결함 나무 분석의 깊이 결정

고장 조건의 발생확률 요구도를 결정하기 위한 단계로 고장 조건별 발생 확률 요구도값이 입력물이 된다. 출력물은 결함 나무 분석을 통해 계산된 발생 확률값이 된다.

• 표 3-30 • 결함 나무 분석 프로세스

		FTA Input	FTA Output
1	Define the Depth of Analysis for the FTA	Quantitative Analysis to verify FHA Probability Requirement	Catastrophic, Hazardous, Major(Complex)
2	Define the Undesired Top Level Event	FHA Failure Conditions	Top events(7 CAT, 24 HAZ, 81 MAJ)
3	Construct the fault tree of the undesired event and possible fault and failure events	FHA Results, System Architecture, Design Implementation, Wiring Diagram	Fault Tree Structure Basic Event List
4	Gather the Failure Rate of Basic Events	Vendor MTBF Value, FMEA Results, NPRD MTBF Data, MIL-STD MTBF Data	MTBF of Failure Rate of Basic Events
5	Analyze and summerize the FTA Results		FTA Report

(2) 원하지 않는 사상(Undesirable Event)을 정의

기능 위험에서 식별된 고장 조건 중 "치명적인", "위험한", "중요한(복잡한 조건)"들이 입력물이 되며, 이 조건들로 결함 나무의 최상위 사상 또는 하위 수준의 사상으로 구성하는 것이 출력물이 된다. KC-100에서는 "치명적인" 고장 조건 7개, "위험한" 고장 조건 24개, "중요한" 고장 조건 81개를 대상으로 결함 나무를 구성하였다.

(3) 이전 단계에서 구성된 결함 나무를 기초로 더 하위 수준의 결함 나무를 전개

기능 위험 평가 결과, 시스템 구조, 설계, 배선 도해 등을 입력물로 하여 주요 사상이 도출되거나 더 이상 전개가 되지 않을 때까지 진행하게 된다. 최신의 설계를 반영하기 위해 입력물은 최신의 자료를 수집해야 하며, 결함 나무 분석에 영향을 줄만한 변경사항이 있는 경우에는 이 과정을 반복하여 수행해야 한다. 이 단계를 완료하면 모든 결함 나무를 출력물로 얻을 수 있고, 기본 사상 목록을 도출할 수 있다.

(4) 기본 사상에 대한 고장률 자료 수집

기본 사상에 고장률 자료를 결함 나무에 입력하는 단계로 고장률 조사를 위한 업체 신뢰성 분석 자료, 업체의 장비 운용 자료, 고장 모드 영향 분석 결과, 상용 고장률 자료집 등이 입력물이 된다. 참고 자료를 분석하고 적합한 고장률 자료를 선정하면 전체 기본 사상에 대한 고장률 목록을 출력물로 얻을 수 있다.

(5) 기본 사상에 대한 고장률 자료를 입력한 후 결함 나무 분석을 수행하고 결과 요약

분석이 완료 되면 결함 나무에 포함된 모든 사상에 대한 고장 확률을 얻을 수 있으며, 이를 토대로 결함 나무 분석 보고서를 작성한다.

상기와 같은 단계로 수행한 결함 나무 분석 중에서 자동 조종 계통에 대해 수행한 예를 표 3-31과 같이 보여 주고 있다.

• 표 3-31 • 결함 나무 분석 결과의 예(자동 조종 계통)

FHA NO.	Failure Condition	FC/C	Requirement Probability	Analyzed Probability	Phase	Total Exposed Time Factor	Probability for Phase	Remarks
aFH-23	Loss of stall warning	MAJ	<1E-4	3.900E-06	TO, AP, GA, LD	0.0667	2.601E-07	FTD-A01
aFH-26A	Malfunction of autopilot without warning	MAJ	<1E-4	1.212E-08	CL, CR, DS, AP, GA	0.7999	9.697E-09	FTD-A02
sFH-001	Inability to disconnect autopilot	MAJ	<1E-4	9.184E-09	CL, CR, DS, AP, GA	0.7999	7.346E-09	FTD-A03
sFH-006	Loss of autopilot function without warning	MAJ	<1E-4	1.647E-05	CL, CR, DS, AP, GA	0.7999	1.317E-05	FTD-A04
sFH-012B	Loss of autopilot pitch control function, unannunciated	MAJ	<1E-4	9.484E-06	CL, CR, DS, AP, GA	0.7999	7.586E-06	FTD-A04

sFH-012C	Abnormal autopilot pitch activity	MAJ	<1E-4	3.482E-05	CL, CR, DS, AP, GA	0.7999	2.785E-05	FTD-A05
sFH-012D	Abnormal vertical guidance input	MAJ	<1E-4	2.093E-13	AP	0.0333	6.970E-15	FTD-A05
sFH-014B	Loss of autopilot roll control function, unannunciated	MAJ	<1E-4	9.484E-06	CL, CR, DS, AP, GA	0.7999	7.586E-06	FTD-A04

KC-100 결함 나무 분석 결과, "치명적인" 고장 조건 7개, "위험한" 고장 조건 24개, "중요한" 고장 조건 81개의 발생 확률 조건이 만족됨을 확인하였다.

8 고장률 입증 자료

고장률 입증 자료는 결함 나무 분석의 기본 사상의 고장률 입력을 위해 선행되어야 하는 과정이다. 고장률에 대한 자료는 크게 공급 업체 자료와 상용 고장률 자료로 구분할 수 있다. 공급 업체 자료의 구성은 다음과 같다.

(1) 신뢰성 예측 보고서(Reliability Prediction Reports)

신뢰성 예측 보고서는 MIL-HDBK-217을 기준으로 업체가 분석한 고장률 자료를 포함하고 있다.

(2) 고장 모드 영향 분석(FMEA)

업체에 따라 신뢰성 예측 보고서 대신에 고장 모드 영향분석 보고서를 제출하기도 한다. 이 경우 고장률값은 장비의 고장 모드 목록으로 제공되는데, 기본 사상이 영향을 주는 상위 고장 조건의 기능 및 특성을 고려하여 해당 고장 모드를 검토하여 사용해야 한다. 또한 업체가 제공한 고장률이 적절한지 MIL-HDBK-217을 기준으로 검토해야 한다.

(3) 정비 이력에 기초한 고장률 자료

공급 업체는 해당 장비를 다수의 항공기에 공급하는 경우가 많다. 많은 항공기에서 사용된 운용 자료와 정비 이력들을 수집하여 고장률을 계산하여 공급하는 형태이다. 흔히 이러한 자료를 운용 자료(Field Data)라 부르며, 많은 항공기에서 오랜 기간에 걸쳐 수집한 자료이므로 더욱 신뢰성이 높다.

상용 고장률 자료의 구성은 다음과 같다.

(1) MIL-HDBK-217

신뢰도 예측 분야에서 중심적인 역할을 하고 있으며, 전기 · 전자 분야와 일부 기계 분야에 대한 예측 방식을 제공한다. 고장률 단위는 100만 운용 시간당 고장의 횟수로 표현된다. 부품의 고장 분포가 지수 분포로 가정되며, 부품의 고장률의 합으로 그 상위 수준의 조립체와 시스템의 신뢰도가 결정된다. 제품이 동작하는 상태의 운용 환경이 14가지로 구분되어 시스템에 적용된다.

(2) NPRD-95(Non-electronic Parts Reliability Data)

NPRD-95는 전기, 전기 기계, 기계 품목들에 대해 광범위하고 다양한 운용 자료를 포함하고 있다. 그리고 기능, 부품 형식, 품질 수준, 적용 환경, 자료 출처 등에 따라 구분되어 있다.

(3) EPRD-97(Electronic Parts Reliability Data)

EPRD-97은 전자 품목의 고장률에 대하여 경험적 운용 자료를 제공한다.

앞에서 제시한 고장률 자료들은 분석 환경에 따라 차이가 발생할 수 있다.

따라서 분석자는 해당 항공기의 운용 조건 및 환경을 고려하여 고장률 자료를 검토해야 하고, 검토된 자료는 결함 나무 분석의 중요한 입력물로 활용된다. 표 3-32는 KC-100에서 고장률 입증 자료로 사용한 고장률 자료를 예로 보여 주고 있다.

• 표 3-32 • KC-100 고장률 입증 자료의 예

NO	ID	System	Basic Event Name	Basic Event Description	Failure rate	Applied Method of Failure Rate Prediction	Update Reason
17	C	Avionics	ADAHRS_LIFD_FAIL	Failure of ADAHRS in LIFD	4.575E-07	MIL-HDBK-217F Report's name: Integrated Flight Display System System Safety Assessment KC100 Report's number: AVIFD-175 Section: 3.3 Reliability Predictions Enviroment Condition: AIC, 40℃	Recalculation considering KC-100 environment conditions(from AIC, 40℃ to AIC, 55℃)
168	G	Fuel system	BOOST_PUMP_FAIL	Failure of boost pump	6.091E-05	Field data Report's name: 18000 Series Report	
172	G	Fuel system	FUEL_SELETOR_FAIL	Failure of fuel selector	4.291E-05	NPRD-95 2-225, Valve, Fuel, Selector	

9 체계 안전성 평가(SSA)

표 3-33에서는 KC-100에서 적용한 체계 안전성 평가의 프로세스에 대하여 각각의 입력물과 출력물을 보여 주고 있다.

• 표 3-33 • 체계 안전성 평가 프로세스

		SSA Input	SSA Output
1	Verify FHA Design Requirements	System Architecture, FHA Results	Validation of Assumptions and Recommendations
2	Validate FHA F/C Classification	Supporting Materials	Vaildation of Classification
3	Verify Failure Condition Requirements	Failure Rate/Probability, Design Implementation	FTA/FMEA Results, Design/Install' Appraisal
4	Verify PSSA Requirements	Design Decision, Equipment Requirements, Derived Requirements	Verification of Requirement • Design Decision • S/W & Complex H/W DAL • Installation/Item Level REQ' • Other Sys./Maintenance REQ'
5	Verify CCA Requirements	CCA Assume'/Recommend'/ Requirements	Validation of Assumptions, Verification of Recommend' and Requirements
6	Prepare SSA Report		SSA Report by Systems

① 각 계통의 아키텍처와 기능 위험 평가 결과를 가지고 기능 위험 평가에서 도출한 가정 사항과 추천 사항에 대한 검증을 수행한다.

② 기능 위험 평가에서 설정한 고장 조건 분류에 대해 정당화 자료를 가지고 각각의 고장 조건 분류가 정당함을 확인한다.

③ 결함 나무 분석의 고장률 자료와 결함 나무 구조를 이용하여 "중요한" 이상의 고장 조건 발생 확률을 검증하고, 검증 방법이 설계 · 장착 평가로 지정된 고장 조건에 대하여 해당 고장 조건의 분류에 맞는 정도의 설계와 장착이 되어 있음을 서술한다.

④ 체계 안전성 예비 평가에서 도출한 모든 설계 결정 사항, 장비 수준의 요구 조건과 기타 도출된 요구 조건들에 대해 검증을 수행한다. 여기에는 개별 고장 조건에 대한 설계 결정 사항, 소프트웨어 및 복잡한 하드웨어 개발 보증 수준, 장착 요구 조건, 품목 수준 요구 조건, 타 계통 요구 조건 및 정비 요구 조건들이 모두 포함된다.

⑤ 공통 위험 분석에서 도출한 모든 가정 사항, 추천 사항 및 요구 조건들에 대하여 검증을 수행한다.

⑥ 상기 모든 사항들을 종합하여 체계 안전성 평가 보고서를 작성한다.

표 3-34에서는 적합성 점검표 중에서 체계 안전성 평가를 요구하고 있는 Part 23 요건들에 대한 입증 결과를 예시하고 있다.

• 표 3-34 • **체계 안전성 평가(Part 23 요건 입증)**

FAR section	Title	Intent of Rule	Safety Issue	Design Implementation	Verification Method	Status	Remarks
§23.851 (c)(1)	Type and quantity of extinguishing agent	The type and quantity of fire extinguishing agent shall be appropriate to the kinds of fire.	Determine applicable type of fires	1. According to AC20-42D and NFPA(National Fire Protection Association) standard 10, there are 4 types of fires such as class A thru class D. 2. Fires for KC-100 aircraft can be class B(liquid, grease) and class C(electrical equipment).	PRA	Closed	AC20-42D
			Compare and select fire extinguishing agent	1. According to AC20-42D, there are three kinds of extinguishing agent which can be applicable to class B and class C. 2. These three agents are carbon dioxide, dry chemical, and halogenated hydrocarbons. 3. Considering the residue and toxicity, the halogenated hydrocarbons has been selected for KC-100 fire extinguishing agent.	PRA	Closed	AC20-42D
			Determine the rating of extinguishing agent	1. According to analysis result, the Halon 1301 extinguishers has a minimum 2B:C rating, and an effective discharge time of not less than 8 seconds.	PRA	Closed	AC20-42D
			Determine the quantity of fire extinguishing agent	1. For occupied spaces on small aircraft only, with a maximum certificated occupant capacity of one to four persons, including the pilot, a Halon 1211 extinguisher may be used as an option in place of the recommended Halon 1301 extinguisher. 2. Therefore, to extinguish cabin fire in KC-100 aircraft, extinguishing agents with approximately 1.2 lbs capacity may be sufficient considering the used fire extinguisher of competitive airplane and several research data.	PRA	Closed	
			Select hand fire extinguisher considering the above	1. The hand fire extinguisher has been selected considering the aboves and its source control drawing(SDKP251019-003) contains the followings; a. Type : Halon 1211 & 1301 mixture type b. Discharge time : 10 sec ~ 12 sec c. Discharge range : 1.2 m ~ 1.8 m d. UL Rating : 2B:C 2. Refer to the following figure from H3R Aviation brochure. MODEL RT A400 Halon 1211-1301 Blend This is the smallest Halon fire extinguisher available anywhere. A great flight bag accessory. Agent weight 0.9 lb. / 0.400 kg Gross weight 1.2 lb. / 0.530 kg Discharge range 4-6 ft. / 1.2-1.8 m Dischanrge time 10-12 sec. Height 8.5 in. / 21.6 cm Width 3.0 in. / 7.7 cm Cylinder diameter 2.0 in. / 5.1 cm UL rating 2B:C Bracket Single Strap (Standard) 	Source Control Drawing	Closed	

또한 기능 위험 평가의 고장 조건에 대한 심각도를 분류하기 위해서 비행 단계와 운용 종류를 다음과 같이 구분하였다.

① 비행 단계 : 활주, 이륙, 상승, 순항, 하강, 접근, 착륙

② 운용 종류 : 주간/야간, 시계 비행/계기 비행

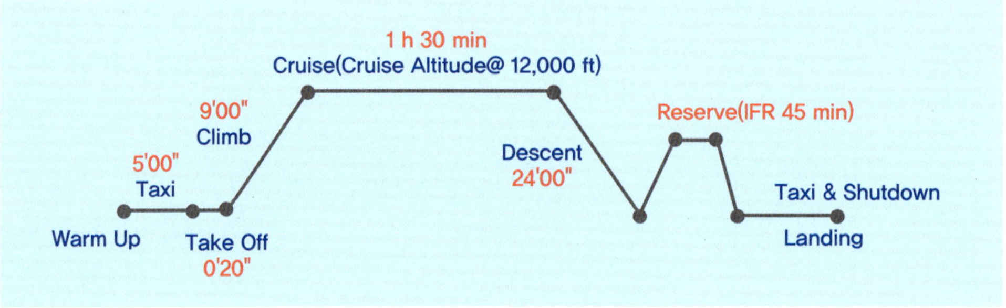

• 그림 3-5 • 비행 프로파일의 예

그림 3-5는 비행 단계를 구분하기 위한 정상적인 KC-100 비행 프로파일의 예를 보여 주고 있다. 이 그림에 제시된 바와 같이 각 비행 단계에 소요되는 시간을 더하면(45분 reserve 제외) 표 3-35와 같이 총 136분 가량이 소요되며, 이를 1시간 비행으로 환산하여 각 단계의 노출 시간 인자를 정의하였다. 또한, 여기서 활주(TX)는 이륙을 위한 활주 시간과 착륙 후의 활주(Taxi-Back) 시간을 합친 것을 고려하였다.

• 표 3-35 • 노출 시간 인자

Phase	Phase Code	Mission Profile		Determined Exposure Time(min)	Exposure Time Factor	Remarks
		Net time(min)	Conversion to 1 hour			
Taxi	TX	10	10	10	0.1667	
Takeoff	TO	0.3	0.3	1	0.0167	
Climb	CL	9	9	9	0.1500	0.0019 for CL1, 0.0113 for CL2, 0.1368 for CL3
Cruise	CR	90	30.3	29	0.4833	
Descent	DS	24	8.1	8	0.1333	
Approach	AP	2	2	2	0.0333	
Landing	LD	0.3	0.3	1	0.0167	
Total		135.6	60	60	1.0000	

또한, 운용 종류에 따른 노출 시간을 구하기 위하여 그림 3-6과 같이 미국연방항공청(FAA) 홈페이지에서 2008년도 기타 범용기급 항공기의 주간·야간 비행시간 및 시계 비행·계기 비행시간을 조사하여 그 비율을 각각 다음과 같이 설정하였다.

① 주간 비행 = 0.8769, 야간 비행 = 0.1231

② 시계 비행 = 0.8846, 계기 비행 = 0.1154

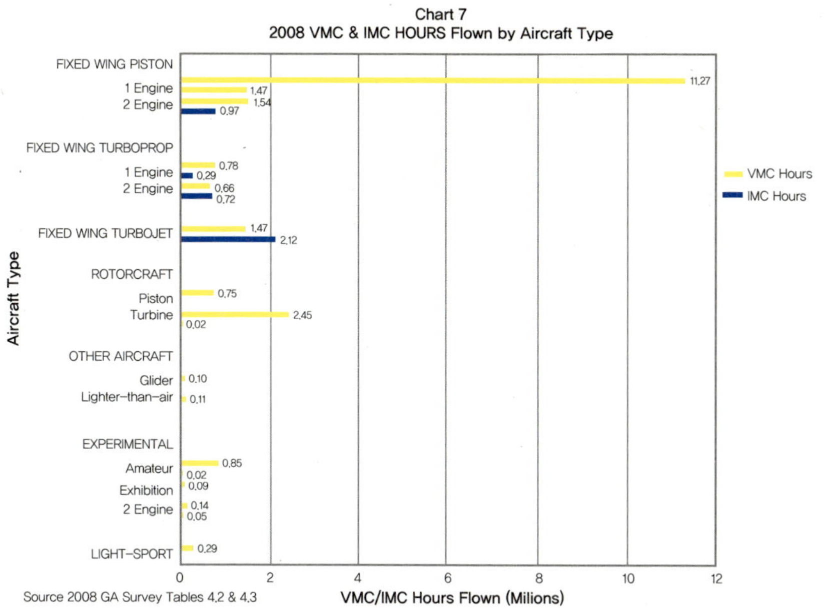

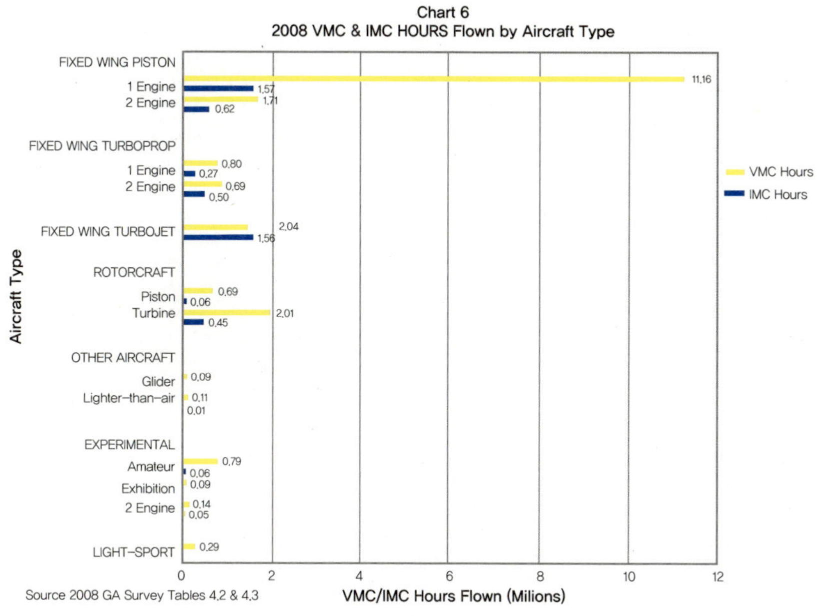

• 그림 3-6 • **운용 종류에 따른 노출 시간 산정**

표 3-36은 기능 위험 평가의 고장 조건에 대한 검증 결과를 보여 주고 있다. 정량적인 평가가 필요한 경우에는 결함 나무 분석 결과를 사용하였고, 정성적인 평가를 하는 경우에는 설계 · 장착 평가를 수행하였다. 이 예는 항공기 수준 및 계통 수준에서 수행한 기능 위험 평가의 고장 조건 중에서 일부를 선택하여 보여 주고 있다.

• 표 3-36 • **체계 안전성 평가(기능 위험 평가 고장 조건 검증)**

FHA No.	Failure Condition	Phase	Classification	Verification Method	Design Implementation	Status	Remarks
aFH-06	Loss of defogging	ALL except GD	MIN	D/A I/A	1. Selecting Panel-Foot-Windshield button opens the windshield diffuser butterfly valve which permits shared airflow to the defogging mechanism and cabin floor outlets. When the Windshield selector button is pushed, the cabin floor butterfly valve is closed providing maximum airflow to the windshield diffuser. 2. Also, manual clearing by the pilot is allowed 3. Flight test has been conducted in moderate rain, day and night, takeoffs, landings, and taxi. Refer to KPCR21004, Flight test report for KC-100 Airplane ECS Defog Test.	Closed	
sFH-006	Loss of autopilot function without warning	CL, CR, DS, AP, GA	MAJ (≤1E-4)	FTA	1. Refer to "S006_AP_FCNT_LOSS_NOWRN" gate in fault tree. 2. Failure rate for S006 gate is 1.647E-5 per flight hour. 3. Exposure time factor for climb, cruise, descent, approach and go-around is 0.7999. 4. Probability result is 1.317E-5 per flight hour.	Closed	FTD-A04
sFH-114	Loss of primary means of VHF radio display and control	ALL	MIN	D/A I/A	1. RIFD displays radio frequency like the following figure.  [Upper portion of SYS page on RIFD] 2. Refer to the above "Design Implementation" of sFH-113 verification.	Closed	
sFH-712	Inability to turn ON or OFF oxygen switch without warning	CR (above 10K ft)	MAJ	FMEA	1. According to 109NENG0002, "KC-100 Fixed Oxygen System - FMEA", failure mode such that ON/OFF switch doesn't work has "Significant" severity level and 1E-5 likelihood of occurrence. 2. When switching to another state the system doesn't respond, aircraft can descend below 10,000 ft and disconnect oxygen breathing stations at overhead distribution manifold. 3. So, this sFH-712 "Major" failure condition can be met.	Closed	
sFH-806	Loss of indication of flap position	ALL except GD & TX	MIN	D/A I/A	1. Pilot can check flap position through the position of flap control knob and lighting in oxygen control display. 2. In the event of malfunction of flap controller, pilot can check the flap position through window. 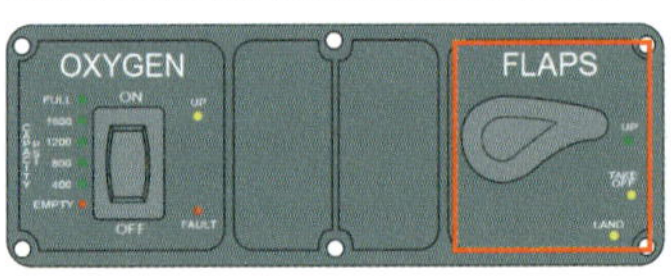 	Closed	

표 3-37은 기능 위험 평가에서 도출된 가정 사항과 추천 사항의 검증 결과를 예로 보여 주고 있으며, 항공기 수준 및 계통 수준에서 수행한 기능 위험 평가의 고장 조건 중에서 일부를 선택하여 보여 주고 있다.

• 표 3-37 • **체계 안전성 평가(기능 위험 평가 가정 · 추천 사항 검증)**

FHA No.	Failure Condition	Type	Assumption or Recommendation	Design Implementation	Status	Remarks
aFH-01	Loss of all electrical power generation and storage	Assume	Aircraft can be controlled by mechanical primary flight controls which do not requie airplane electrical power.	1. Primary flight controls do not require electrical power as follows; a. Elevator controls and aileron controls consist of control stick, control rods, bellcrank and idlers. b. Rudder control consists of pedal, control cable, control rod, and pulley. 2. Only trim actuators require electrical power. 3. So, aircraft can be controllable in case of total electrical failure.	Closed	
sFH-020	Loss of pitot(total) pressure from pitot tube	Recommend	Periodical calibration is recommended at least every 24 month(Lessons learned from SR-22 accident record).	1. In Korean FSR(Flight Safety Regulation), the altimeter and static system should be tested and inspected at 24 months intervals, not for pitot system. 2. So, the inspection for pitot system is included in AMM as follows; a. Pitot probe: Visual inspection for security, condition, and obstruction every 100 hours b. Pitot system: Perform functional test for pitot plumbing system every 100 hours or annually	Closed	
sFH-703	Inability to refill oxygen through oxygen fill port	Recommend	Access door for refilling oxygen shall be provided for ease access and maintenance.	1. The LE1 access door is provided for access and maintenance of oxygen filler inlet like the following figure. 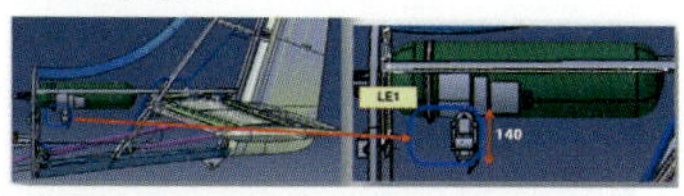	Closed	
sFH-817	Loss of ARI(Aileron-Rudder Interconnection)	Recommend	Design and install the ARI(Aileron-Rudder Interconnection) device so that roll or yaw control cannot be stuck in case of disconnected ARI.	1. Although the spring for ARI is disconnected, it has no impact on safety. Refer to the design implementation for sFH-817 verification. 2. Also, safety wire and cotter pin are applied to the connection between ARI device and aileron or rudder bellcrank. Refer to the following figure. 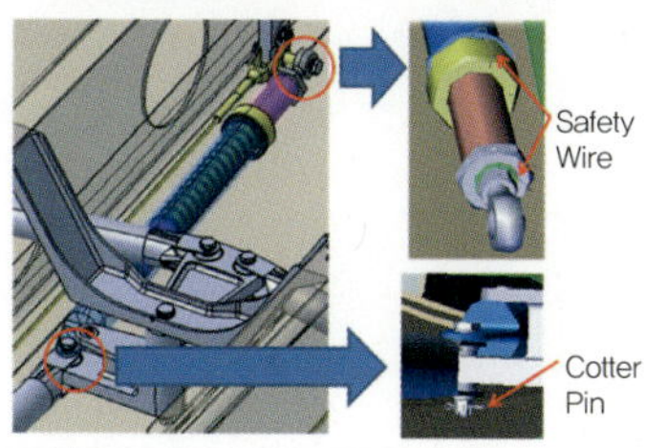	Closed	

표 3-38은 체계 안전성 예비 평가에서 도출한 모든 안전성 요구 조건들의 검증 결과를 보여 주고 있다.

• 표 3-38 • **체계 안전성 평가(체계 안전성 예비 평가 요구 조건 검증)**

PSSA No.	Failure Condition or Equipment	Type	PSSA Requirements	Design Implementation	Status	Remarks
-	-	Install	The fastening of fire bellies which are installed on the bottom of fuselage skin to protect fuselage skin from radiated heat from exhaust tail pipe is recommended to prevent disbond or possible falling off during flight.	1. It is found that the disbond between fire belly and fuselage skin may occur because of double cont our and radiated heat from exhaust tail pipe. 2. So, the fastening using MS2114S04 rivet is applied to forward side of fire belly. Refer to the following figures. 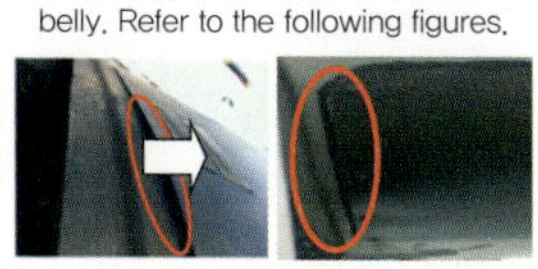	Closed	

PS-B010	Loss of pitot(total) pressure from pitot tube	Decision	Heated pitot tube shall be installed to prevent blockage or malfunction due to icing.	1. AN5812 pitot-tube provides probe heating to prevent blockage or malfunction due to ice or snow accumulation. 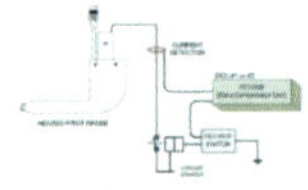 2. Pitot heating is powered by Essential Bus #1 3. Refer to the following architecture.	Closed	sFH-020
PS-J004	Total loss of oxygen quantity display	Decision	Above about 12,000ft, "OXYGEN REQ'D" shall be illuminated.	1. "OXYGEN REQ'D" annunciation is displayed on the Oxygen Control Display and "Ice/O2" tab on MFD page of both IFDs. 2. Refer to the following figures. 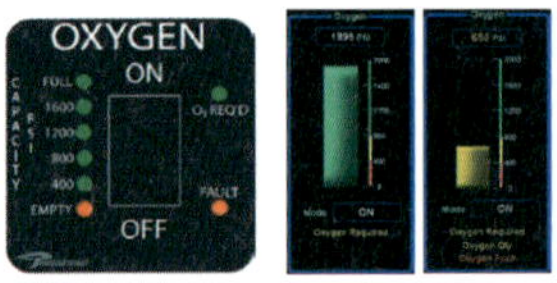 [Oxygen Control Display] ["Ice/O2" tab on MFD page]	Closed	sFH-710

표 3-39에서는 공통 원인 분석에서 도출한 가정 사항, 추천 사항 및 요구 조건의 검증 결과를 예로 보여 주고 있다.

• 표 3-39 • **체계 안전성 평가(공통 원인 분석 가정 · 추천 사항 및 요구 조건 검증)**

CCA	Category	Type	Affected Item	Description	Design Implementation	Status	Remarks
PRA	Fire	Require	Fuel tubing & fittings in fire zone	Fuel tubing and fittings in fire zone are required to be fire-resistant.	1. Fuel tubing and fittings in engine bay are as follows; a. Wall thickness of drain tubing and bracket for heat shield are 0.71mm(0.028") and 1.02mm(0.04"), respectively. So, this can be considered as fireproof without testing. b. Thickness of supporting brackets for boost pump, drain tube, and hose are 1.6mm(0.063") or 2.03mm(0.08"). 2. Aluminum material in the above table can be considered as fire-resistant per AC23-16A because this AC considers AL2024-T3 with 0.81mm(0.032 inches) as fire-resistant.	Closed	§23.1183 (a),(b)
PRA	Icing	Assume	N/A	De-icing system for KC-100 adopts fluid system using porous panel which configure the shape of airfoil of wing and horizontal tail. So, the installation of de-icing system is expected not to degrade performance, stability and control of KC-100 aircraft.	1. Porous panels have the following features; a. They configure the original shape of airfoil. b. They are attached using bonding and fastening. c. Bonding material is conductive considering lightning effect. 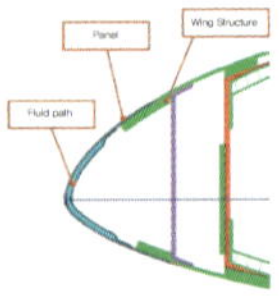 2. Therefore, de-icing porous panels does not degrade airplane performance or S&C characteristics when they are not used. 3. Refer to the above figure for installation of porous panel.	Closed	Subpart B

PRA	Lightning	Assume	Pitot-tube	Plumbing line for pitot system uses non-conductive tubing.	1. To protect damage of ADAHRS or IFDs due to indirect lightning transient current, nylon tubing is used for pitot system. 2. Polyethylene tube with outer diameter 6.35mm(0.25 inch) for pitot line is used and its color is red. 3. To prevent confusion with static line, color of static line tubing is natural.	Closed	§23.1309(e)
PRA	Lightning	Recommend	ECU (FADEC)	If ECUs can be damaged by lightning transient, the use of TVS(Transient Voltage Suppressor) is recommended for power input to ECUs.	1. As a result of lightning indirect test, it is determined that the TVS should be installed to protect voltage and current in ECU power input. 2. Each 3 TVSs are installed near 9153J106 and 9153J107 connectors. Refer to the following figures. 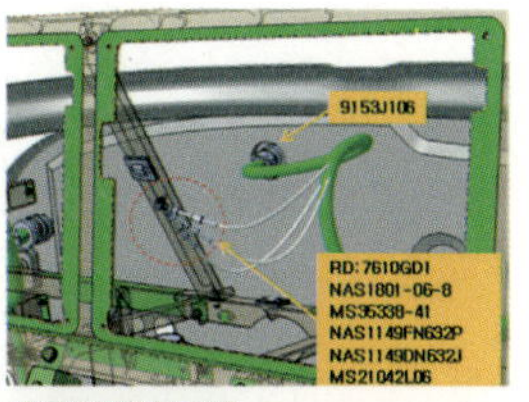 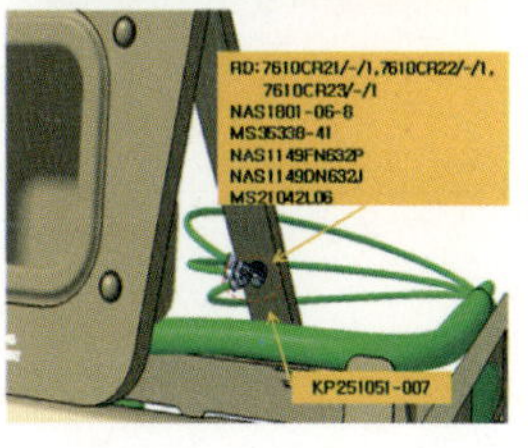 	Closed	§23.901(b)

기능 위험 평가에서 도출한 모든 고장 조건에 대한 검증을 수행하면서, 결함 나무 분석의 발생 확률 결과를 사용한 부분이 있다. 특히 "치명적인(Catastrophic)" 고장 조건에 대해서는 반드시 결함 나무 분석을 사용하였다. KC-100에는 총 7개의 "치명적인" 고장 조건이 존재하며 모두 10^{-6} 이하의 확률을 가져야 하는데, 7개 모두 이 요구 조건을 만족한다. 예를 들어, sFH-121(Total loss of attitude display to control roll and pitch) 고장 조건은 10^{-6} 이하의 확률 요건을 만족해야 하며, 결함 나무 분석 결과 1.59×10^{-13}의 발생 확률을 가지므로 요건이 충족됨을 확인하였다.

KC-100의 전기전자 장비 중에서 소프트웨어를 포함하는 것은 총 19품목이며 복잡한 하드웨어로 지정된 것은 총 9품목이다. 해당 품목의 고장이나 오작동에 의해 유발될 수 있는 가장 심각한 고장 조건을 고려하여 소프트웨어 및 복잡한 하드웨어 개발 보증 수준을 체계 안전성 예비 평가 프로세스 동안 할당하였고, 이렇게 할당된 개발 보증 수준이 모두 만족됨을 체계 안전성 평가 프로세스를 통해 검증하였다. 예를 들어, 통합 비행 시현기에 내장되어 동정압 자료의 계산을 수행하면서 자세 방위 기준 장치 역할을 하는 ADAHRS 장비는 소프트웨어 수준 C 이상을 만족하도록 요구되었으며, 실제로 수준 B로 설계 및 시험되었음을 확인하였다.

또한 예를 들어, VHF 통신 및 항법을 위해 통합 비행 시현기에 내장된 VHF Comm./Nav. 장비는 복잡한 하드웨어 수준 C 이상을 만족하도록 요구되었으며, 실제로 수준 B로 설계 및 시험되었음을 확인하였다. 복잡한 하드웨어의 정의는 AC20-152를 참고하면 된다.

Chapter 4

민간 항공기 적합성 입증 시험

01 적합성 입증 방법

항공기 인증 기준에 대한 적합성 입증 시험 수행에 앞서 적합성 입증 방법(MOC, Means Of Compliance)을 정의하고 이를 관리 · 점검하기 위한 적합성 점검표(CCL, Compliance Check List)를 작성해야 한다.

국내 항공기 형식 증명 지침과 미국연방항공청(FAA) Order 8110.4C, "Type Certification"에서 제시한 적합성 확인을 위한 이행 절차는 그림 4-1과 같다.

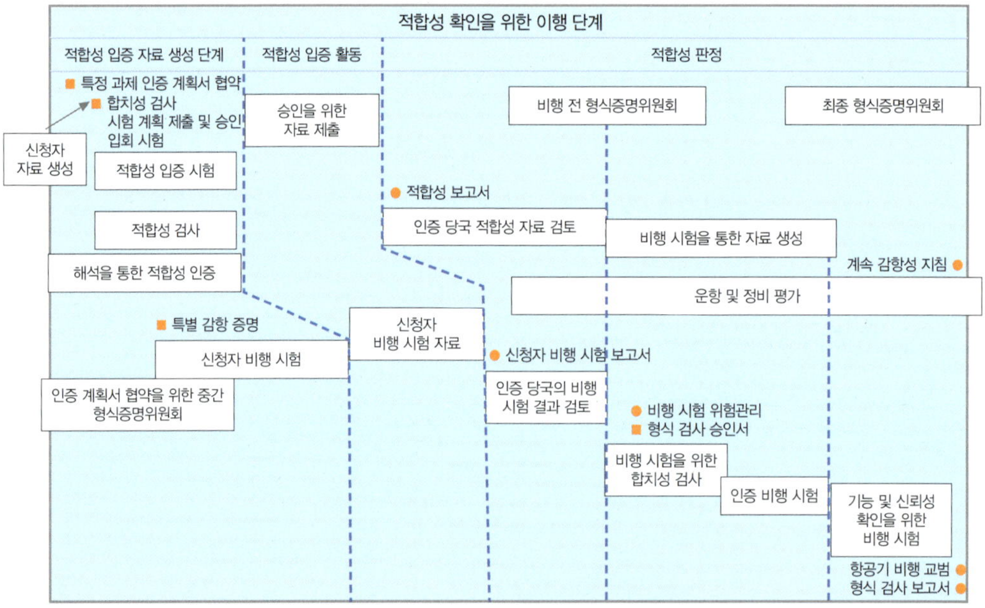

• 그림 4-1 • **적합성 확인을 위한 이행 단계**

적합성 확인을 위한 단계는 크게 적합성 입증 자료 생성, 적합성 입증 활동 및 적합성 판정으로 볼 수 있다.

① **적합성 입증 자료 생성** : 본 단계는 인증 신청자가 적합성 입증 계획에 따라 적합성 입증을 위한 시험, 검사 및 해석을 수행한다. 또한 신청자 비행 시험을 통한 입증 자료 생성도 포함된다.

② **적합성 입증 활동** : 다음 단계로 적합성 입증을 위해 생성된 자료를 인증 당국 검토를 위해 제출하는 단계이다

③ **적합성 판정** : 상기의 제출된 입증 자료를 인증 당국이 검토하고 필요시 인증 시험을 통하여 직접 검증하여 적합성을 판정하는 단계이다.

이를 위하여 적합성 입증 계획 시 적합성 검검표 작성과 입증 방법에 대한 구체적인 계획이 요구된다.

먼저 적합성 입증 방법에 대한 분류는 각 국가별 인증 당국마다 세분화 분류에 차이가 있지만 일반적으로 인증 신청자가 제시한 기준에 의해 최종 정의된다. 미국연방항공청(FAA)의 경우 AC23.24에 5개의 적합성 입증 방법으로 분류되어 있지만, 보잉(Boeing) 및 에어버스(Airbus)사 등의 선진 항공사에서는 이를 더욱 세분화하여 분류하는 추세이다. KC-100 개발의 경우 이를 참조하여 10개의 방법에 대한 분류 기준으로 적합성 입증 방법을 정의하였으며, 이는 표 4-1과 같다.

• 표 4-1 • 적합성 입증 방법(MOC)

분 류		내 용
0	정의 및 일반 사항	기술 기준 적용성 여부, 용어 등의 정의를 기술하여 입증
1	설명 자료 문서	도면, 기술 문서(설계 보고서, 교범, 재료 · 공정 규격서)로 입증
2	계산/해석	하중, 응력, 성능, 전기 부하 등의 이론적, 수치적 해석을 통해 입증
3	신뢰성 · 정비성 · 안전성 평가	신뢰성, 정비성 및 안전성(RM & S) 분석 및 평가를 통해 입증
4	실험실 시험 (Lab/Bench Test)	항공기 수준이 아닌 조립체 · 시스템 수준에서 Rig 또는 별도의 시험 설비를 활용하여 시험을 통해 입증하는 방법
5	지상 시험 (Ground Test)	항공기 차원에서 실시되는 지상 시험을 통해서 입증하는 방법
6	비행 시험 (Flight Test)	항공기에 조종사가 탑승하여 실시되는 비행(지상 활주 포함)을 통하여 적합성을 입증하는 방법
7	항공기 검사 (Inspection on Aircraft)	전원이 인가되지 않고 기능이 작동되지 않는 상태에서 도면이나 재료 · 공정 규격서, 비행 · 정비 매뉴얼 등의 자료를 통해 항공기 검사
8	시뮬레이션 (Simulation)	기술 기준의 요구 조건을 비행 시험을 통해 입증하기에 위험도가 높은 경우 시뮬레이터를 활용하여 입증
9	구성품 검증 (Component Qualification)	구성품 차원의 각종 인증 결과(해석, TSO, Similarity, QT(Qualification Test) 등)를 활용하여 적합성을 입증하는 방법으로 정의함

정의된 적합성 입증 방법을 가지고 항공기 기술 기준에 규정된 법적 요구 항목을 매트릭스 형태의 점검표로 나열하여 적합성 점검표(CCL)를 작성하였다. Part 23의 경우 적합성 입증 항목이 총 2,300여 개의 항목에 달하며, 이중 항공기 인증 기준에 따라 미적용(N/A, Not Applicable) 항목을 식별하여 이를 제외하고 적합성 입증 방법을 각 입증 항목별로 식별한다.

KC-100의 경우 미적용 항목을 제외한 1,000여 개의 적합성 입증 항목을 400여 개의 문서로 입증하였다. 표 4-2에는 적합성 검사표를 예시하였다.

• 표 4-2 • **적합성 점검표(CCL) 예시**

①			②	③	④	⑤		⑥	⑦
Sec-tion	(a)	(i)	KAS 23	구분	MOC	Discipline	Doc. No	Doc. Title	Statement
23.21	(a)		(a) 이 장의 모든 요구 조건은 검증이 요구되는 하중 조건 범위 내에서 중량과 중력 중심 위치의 각각 적절한 조합 내에서 반드시 적합해야 한다. 이것은 다음의 (1), (2)항에 의하여 검증되어져야 한다.	R	2	Performance	KPCR 00405	Performance Analysis Report for KC-100	Showing the compliance by analysis and flight test at each appropriate combination of weight and C.G within the range of loading conditions for which certification is requested
23.21	(b)		(b) 다음과 같은 일반 공차는 비행 시험 중에 인정된다. 그렇지만, 특정 시험에 있어서는 이보다 더 큰 공차를 인정할 수 있다.	R	2	Performance	KPCR 00405	Performance Analysis Report for KC-100	Showing the compliance by analysis and flight test at each appropriate combination of weight and C.G within the range of loading conditions for which certification is requested
§23.23			§23.23 하중 분포 한계	H	–				
23.23	(a)		(a) 비행기가 안전하게 운용되는 범위 내에서 중량과 중력 중심 위치의 범위를 설정해야 하고 만약 하중 조건이 중량과 중력 중심 위치 변화에 중대한 영향을 준다면 측면 중심 위치의 범위를 포함해야 한다. 만일 저(低)연료가 평형 또는 안정성에 불리하게 영향을 준다면 사용 가능한 연료량이 최대 연속 12마력의 각 엔진에 대하여 1 Gallon을 초과하지 않을 때에 존재하는 것과 같은 조건 하에서 비행기는 시험되어야 한다.	R	5	Weight	KPCP 08001	Weight & Balance Ground Test Plan	Compliance By Analysis
23.23	(b)		(b) 하중 분포 한계는 다음 중 하나를 초과해서는 안 된다.	R	5	Weight	KPCP 08001	Weight & Balance Ground Test Plan	Compliance By Analysis
§23.25			§23.25 중량 한계	H	–	Weight			
23.25	(a)		(a) 최대 중량은 설계 착륙 중량에 따르는 요구 조건이 아닌 이 기준에서 적용할 수 있는 각각의 조건에 대한 적합성이 증명되는 가장 무거운 중량을 말한다. 최대 중량은 다음과 같은 조건에 맞게 설정되어 있어야 한다.	R	5	Weight	KPCP 08001	Weight & Balance Ground Test Plan	Compliance By Analysis
23.33	(d)		(d) 일정 속도 조종 장치를 갖춘 조종이 가능한 모든 피치프로펠러는 다음 (1), (2)항을 갖추어야 한다. (1) 조속기가 작동 상태에 있을 때 조속기에는 최대 엔진 속도를 최대 허용 이륙 회전 속도까지 제한하는 수단이 있어야 한다.	R	6	Engine	KPCP 96010	Flight Test Plan for KC-100 Aircraft Powerplant	
23.45	(d)		(d) 이용 가능한 추진력은 엔진 출력에서 다음을 감한 것에 상응하는 것으로서 승인된 출력을 초과할 수 없다.	R	2	Performance	KPCR 00405	Performance Analysis Report for KC-100	Showing the compliance by analysis results
§23.49			§23.49 실속 속도 단계	H	–				
23.49	(a)		(a) VSO 및 VS1은 다음의 조건 하에서 비행기의 조종이 가능한 실속 속도 또는 최소 등속 속도를 노트(knot-CAS)로 나타낸 속도이다.	R	6	Performance	KPCP 96005	Flight Test Plan for KC-100 Aircraft Performance	Showing the compliance by analysis results correlated with flight test results or by flight test
23.49	(c)		(c) 본 항의 (d)조항에 제시된 경우를 제외하고, 최대 중량에서 VSO 및 VS1은 다음의 경우에 61 knots를 초과하지 말아야 한다. (1) 단발 비행기	R	6	Performance	KPCR 00402	Flight Test Report for KC-100 Aircraft Performance	Showing the compliance by analysis results correlated with flight test results or by flight test
23.51	(a)		(a) 감항 분류가 보통(N), 실용(U) 그리고 곡기(A)류인 비행기의 회전 속도 VR은 비행기가 활주로면 또는 수면과 접촉된 상태에서 비행기를 이륙시키기 위하여 조종하는 속도이다. (3) 수면으로부터 이륙하는 수상기 및 수륙 양용기의 회전속도 VR은 난류와 임계 엔진의 완전한 고장을 포함한 합리적으로 예상할 수 있는 모든 조건 하에서 안전함이 입증된 임의의 속도일 수 있다.	R	6	Performance	KPCR 00402	Flight Test Report for KC-100 Aircraft Performance	Showing the compliance by analysis results correlated with flight test results or by flight test
23.51	(b)	(ii)	(b) 감항 분류가 보통(N), 실용(U) 그리고 곡기(A)류인 비행기의 경우, 이륙면 위 15 m(50ft) 상공에서의 속도는 다음보다 작지 않아야 한다. (2) 단발 비행기의 경우에는 다음 중 더 큰 값 – (ii) 1.20 VS1	R	6	Performance	KPCR 00402	Flight Test Report for KC-100 Aircraft Performance	Showing the compliance by analysis results correlated with flight test results or by flight test
§23.53			§23.53 이륙 성능	H	–	Performance			
23.53	(a)		(a) 보통(N), 실용(U) 그리고 곡기(A)류인 비행기의 경우, 이륙 거리는 23.51 (a), (b)항에 따라 정해진 속도를 사용하여, 이 절의 (b)항에 따라 결정되어야 한다.	R	0	Performance			
23.63	(b)		(b) 감항 분류가 보통(N), 실용(U) 그리고 곡기(A)류인 최대 중량이 2,720 kg(6,000 lb) 이하인 왕복 엔진 비행기는 표준 대기 조건에서 최대 이륙 중량 또는 착륙 중량에서 23.65(a), 23.67(a) 그리고 적용되는 경우 23.77(a)항에 적합함을 입증해야 한다.	R	2	Performance	KPCR 00405	Performance Analysis Report for KC-100	Showing the compliance by analysis results correlated with flight test results or by flight test
§23.65			§23.65 상승 : 전 엔진 작동상태	H	–	Performance			
23.65	(a)		(a) 감항 분류가 각각 보통(N), 실용(U) 및 곡기(A)류이고 최대 중량이 2,720 kg(6,000 lb) 이하인 왕복 엔진 비행기는 다음의 조건에서 육상기의 경우 해수면 기준으로 최소 8.3%의 정상 상승 구배를 가져야 하며, 수상기 및 수륙 양용기의 경우 적어도 6.7%의 정상 상승 구배를 가져야 한다.	R	2	Performance	KPCR 00405	Performance Analysis Report for KC-100	Showing the compliance by analysis results correlated with flight test results or by flight test
§23.69			§23.69 순항 상승/하강	H	–	Performance			
23.69	(a)		(a) 모든 엔진작동. 다음의 상태에서 신청자가 선정한 운영 한계 내에서 정상 상승률은 각각의 중량, 고도 그리고 주변 온도에서 결정되어야 한다.	R	2	Performance	KPCR 00405	Performance Analysis Report for KC-100	Showing the compliance by analysis results correlated with flight test results or by flight test

① Section : 기술 기준의 절로 구분함
② Requirement of Part 23 : 기술 기준 내용
③ Type : 항목의 성격(Sub–Part, Section, Requirement, Heading)
④ MOC : 적합성 입증 방법 분류(0~9, N/A)
⑤ Discipline : 항목별 인증 분야를 구분하여 기술
⑥ Verification Document : 입증 자료 문서 번호, 문서명
⑦ Statement and Reason for N/A of MOC : 항목별 특이 사항 및 미적용 사유

모든 적합성 입증 문서는 인증 당국의 검토를 통해 수립된 절차대로 승인이 진행된다. 이 과정에서 신청자와 인증 당국 사이에 수차례의 협의가 진행되고 최종 협의 결과로 승인을 득할 수 있다.

모든 적합성 입증 문서는 형식 증명 절차상 형식 검사 승인(TIA) 단계 전까지 인증 당국에 제출하여 승인을 득해야 한다. 이를 근거로 인증 당국은 인증 비행 시험을 통해 최종적으로 적합성 입증 자료들을 검증하게 된다. 이후 최종 형식증명위원회에서 형식 증명을 발급한다.

02 적합성 입증을 위한 시험 분류

항공기의 시험 분류는 크게 개발 시험, 적합성 입증 시험 및 인증 시험으로 구분된다. 개발 시험의 경우 기술 기준에 대한 적합성을 입증하는 시험 항목 외에 개발 요구도를 검증하는 시험이다. 예를 들어 항공기 장착 장비들의 기능과 냉방 성능 확인, 최대 속도 확인 시험, 영역 확장 비행 시험 등이 개발 시험 대상이 된다.

형식 증명을 획득하기 위한 민간 항공기 개발의 경우 개발자의 목표 성능을 확인하는 시험을 제외하고 대부분 적합성 입증 및 인증 시험에 속하게 된다. 인증 시험은 인증 당국에서 수행하는 시험이다. 따라서 고객의 요구도를 바탕으로 목표 성능 위주로 수립된 개발 요구도와 기술 기준의 인증 요구도를 구분하여 이를 입증하는 시험 항목을 도출하였다.

적합성 입증을 위한 시험 방법의 분류 기준은 적합성 점검표(CCL, Compliance Checklist)상의 입증 방법(MOC)에 따라 그림 4-2처럼 시험 항목이 도출되고 개발 요구도(ADS, Aircraft Design Specification)는 별도의 검증표(Verification Matrix)에 따라 개발 시험 항목이 도출되었다.

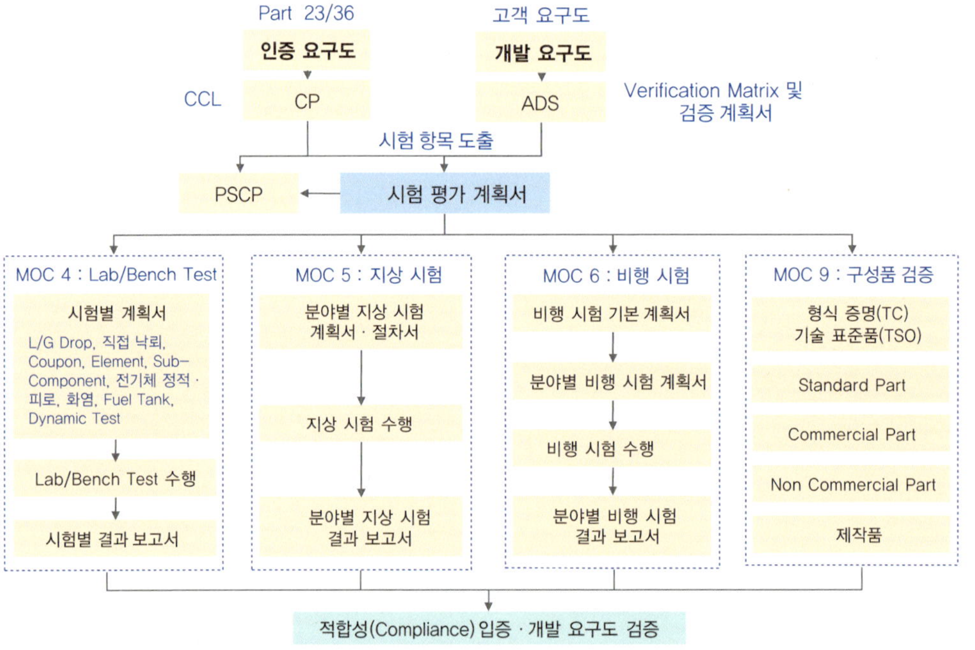

• 그림 4-2 • **적합성 입증 시험 분류 및 과정**

앞서 언급한 총 10개의 적합성 입증 방법의 분류 기준 중 시험이 요구되는 분류는 총 4개이며 내용은 다음과 같다.

① **실험실 시험(Lab/Bench Test)** : 기체(Airframe), 조립체(Sub– Assemblies), 하부 계통(Sub–system) 수준의 리그(Rig) 또는 별도의 시험 설비를 활용하여 적합성을 입증하는 시험이다.

② **지상 시험(GT, Ground Test)** : 항공기 수준으로 지상에서 수행되는 시험으로, 입증하는 방법이며 지상 진동 시험(GVT, Ground Vibration Test), 지상 비행 하중 보정 시험(ACT, Aircraft Loads Calibration Test)을 포함한 계통 시험들이 대상이다.

③ **비행 시험(FT, Flight Test)** : 항공기의 요구된 성능과 비행 특성을 확인하고 항공기 기술기준에 적합한지를 비행을 통해 입증하는 시험이다.

④ **구성품 검증(Components Qualification)** : 구성품 수준에서 입증하는 방법으로 기능 시험, 환경 시험 또는 해석 등을 통해 입증하는 방법이다. 민간 항공기의 경우 구성품 수준에서 인증된 형식 증명(TC), 기술 표준품(TSO), 부품 제작 승인(PMA)의 적용 사례가 많으며, 이러한 경우 별도의 시험 없이 관련 서류로 적합성을 입증할 수 있다.

03 적합성 입증 시험 절차

적합성 입증 시험 절차로는 정의된 기술 기준에 따라 먼저 적합성 점검표(CCL) 작성을 통해 적합성 입증 방법과 이에 필요한 도면, 해석 · 분석 보고서, 시험 계획서 및 시험 결과 보고서 등의 생성 계획을 수립한다. 이에 따라 적합성 입증 계획을 적합성 입증 방법별로 세분화하여 각 해당 분야에서 시험 종류와 일정을 구체화한다. 적합성 입증 시험 절차는 그림 4-3과 같다.

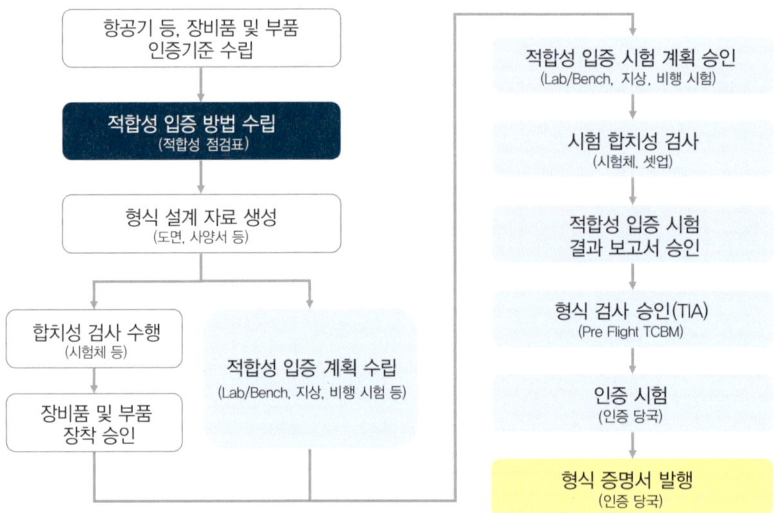

• 그림 4-3 • **적합성 입증 시험 절차**

① **형식 설계 자료** : 항공기 기술 기준에 따라 형식 설계(Type Design)를 정의하는 자료로, 도면, 공정 규격서 및 매뉴얼이 이에 해당된다. 매뉴얼의 경우 항공기 비행 교범이 해당된다.

② **적합성 입증 문서** : 적합성 검검표(CCL)에 명시된 도면, 형상 및 시스템 정의 문서, 규격서, 해석 보고서, 분석 보고서, 시험 계획서, 시험 결과 보고서 등의 포함된다. 이에 대한 일정 및 배포의 체계적인 관리를 위하여 문서의 경우 기술 자료 배포 계획(EDRS, Engineering Data Release Schedule)에 의해 제작사의 개발 목적의 문서와 적합성 입증 목적의 분류 코드를 부여하여 문서 번호, 문서명, 배포 일정을 관리하게 된다. 도면의 경우 별도 도면 배포 일정으로 관리한다.

③ **적합성 입증 시험 계획** : 각 분야별로 도출된 시험의 종류와 개발 전체 일정을 고려하여

시험 종합 계획서(Test and Evaluation Master Plan)를 작성하여 개괄적인 계획을 수립한다. 상세 설계 검토 회의(CDR) 시 본 계획을 검토하고 이후 분야별 시험 계획서 작성을 통해 구체화시킨다. 실험실 시험(Lab/Bench Test)의 경우 시제기 제작 전에 착수하는 시편 및 하부 계통(Sub System) 단위의 적합성 입증 시험을 먼저 수행하고, 시제기 제작 완료 시점과 동시에 지상 시험에 착수하게 된다. 모든 시험은 착수에 앞서 인증 당국의 시험 계획서 승인과 합치성 검사가 수행된다.

- 시험 계획서 승인 : 신청자가 수립한 적합성 입증을 위한 시험 계획을 인증 당국이 검토하여 이를 인정하면 형상 관리 절차에 의해 승인을 통보받는다.
- 시험 합치성 검사 : 시험 계획서에서 요구하는 시험체 형상, 시험 장비, 셋업(Setup)이 승인된 시험 계획서와의 합치 여부를 검증한 이후 착수가 가능하다. 인증 당국의 분야별 담당자가 합치성 검사 요청서(RFC)로 합치성 검사 그룹에 검사를 의뢰하고 합치성 검사 결과(CIR)를 통보한다.
- 시험 수행 : 합치성 검사가 완료되면 인증 당국의 참관 하에 시험을 수행한다.

④ **적합성 입증 시험 결과** : 신청자는 시험 결과를 평가 · 분석하여 시험 결과 보고서를 작성한 후 승인을 요청하게 된다. 결과에 따라 신청자와 인증 당국과의 협의 및 조율을 통하여 승인을 득한다.

⑤ **형식 검사 승인서(TIA)** : 형식 검사 승인서는 인증 당국이 적합성 점검표에 따라 인증 신청자가 입증한 적합성을 최종 승인하고 이를 검증하기 위한 인증 시험 착수를 승인하는 절차이다. 비행 전 형식증명위원회(Pre Flight Type Certification Board Meeting)를 통하여 검토되며 위원장에 의하여 최종 결정된다.

⑥ **인증 시험** : 인증 당국에서 주관하는 시험으로, 적합성 입증 시험 결과를 검증하며 항공기 상태에 대한 지상 검사, 지상 시험 및 비행 시험을 수행한다. 적합성 입증 시험 중 인증 당국이 직접 검증 요구도 항목을 별도로 도출하여 인증 시험으로 수행한다.

⑦ **형식 증명서 발행** : 인증 시험이 완료되면 최종형식증명위원회(Final TCBM)에서 형식 증명 교부 여부를 결정한다.

04 | 적합성 입증 시험

1 적합성 입증 시험 개요

(1) 일정 계획 및 관리

시험 일정 계획은 상세 설계 검토 회의(CDR)에서 검토된 시험 종합 계획서를 기반으로 하여 상세 일정을 수립하게 된다. 군용기 개발에서는 시험 평가 기본 계획서(TEMP, Test and Evaluation Master Plan)를 생성하여 고객과의 협의를 통해 조율한 결과를 바탕으로 상세 계획을 수립한다. 하지만 민항기 개발의 경우 특정 양식에 국한되지 않고 각 항공기 제작사별로 가장 효율적인 양식과 내용으로 계획을 수립하면 된다. 민항기 개발 시 시험 단계도 통상적으로 고객의 요구 사항을 시작으로 요구도 정립, 개발 규격서 생성 및 설계, 제작을 통하여 이를 검증 단계에서 시스템 단위부터 항공기 수준 시험으로 검증하는 "V선도"의 단계는 동일하다. 다만 군용기와의 큰 차이는 적합성 입증 목적의 시험과 합치성 검사라 하겠다.

앞에서 적합성 입증 시험 분류에서도 언급하였듯이 개발 시험과 적합성 입증 및 인증 시험으로 구분하여 일정을 수립하는 것이 효율적이다. 개발 시험의 경우 개발자의 요구도, 기능 및 성능 검증을 목적으로 수행하므로 인증 당국의 시험 계획 승인과 합치성 검사 절차 없이 수행 가능하다. 개발 시험은 필요 시점에 따라 수행하되 적합성 입증 시험과 병행하여 수행도 가능하다. 특히 적합성 입증 시험 전 사전 개발 시험을 통해 요구도 만족 여부를 확인한 후 적합성 입증 시험을 착수하기도 하지만 일정적인 측면을 고려하여 동시 수행도 가능하다.

그림 4-4에서는 항공기 초기 설계부터 형식 증명 획득까지의 시험 일정과 주체를 제시하고 있다. KC-100의 경우 전기체 복합재를 적용한 항공기로 개발 초기 단계에서 재료 물성에 대한 입증과 시편 단위의 시험을 착수하였다. 총 개발 기간 5년 중 실험실 시험(Lab/Bench Test)을 2년 6개월간 수행하였고 지상 시험 6개월, 적합성 입증 비행 시험 1년 1개월, 인증 시험 8개월을 수행하였다.

적합성 입증 시험은 TIA 이전 완료되어야 하는 것이 원칙이나 전기체 피로 시험의 경우 많은 시험 기간이 소요되므로 인증 시험 기간 내에 완료되는 것으로 하였다. 따라서 초도 비행 시 항공기의 비행 안전성을 확보하기 위한 측면에서 요구되는 수준까지 피로 시험을 수행하고 인증 비행 시험 중에 병행 수행하여 최종 형식 증명 획득 전에 완료하였다.

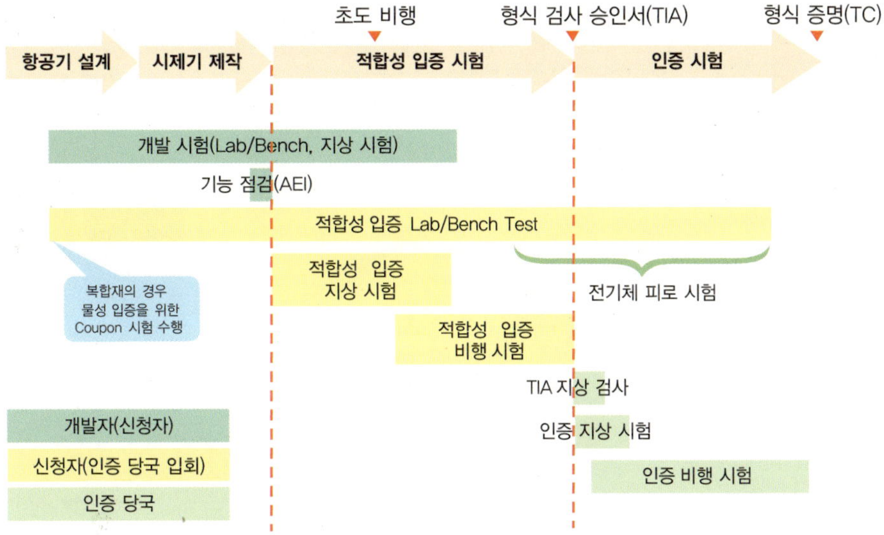

• 그림 4-4 • **적합성 시험 일정 및 주관**

(2) 주요 시험체(Test Article)

시험을 위해 지상 및 비행 시험 활용 목적으로 비행 시제기 2대와 전기체 정적 및 피로 시험을 위해 구조 시제기 2대를 제작하였다. 구조 시제기의 경우 동체, 주익 및 미익의 주 구조물로 되어 있으며, 엔진 하중을 모사하기 위해 더미를 장착하였다. 이 외 구성품(Component) 단위의 주요 구조물에 대한 구조 시험을 위해 주익 박스(Main Wing Box)와 주륜 착륙 장치가 조립된 구조물을 정적/피로 시험 목적으로 각 1대씩 제작하였으며, 미익 체결부는 정적/피로 겸용으로 1대만 제작하였다. 또한 미익 체결부 1대 및 엔진 지지 구조물(EMS, Engine Mount Strut)은 정적/피로 시험 목적으로 2대를 제작하였다. 시스템 관련 시험체를 위해 전륜 · 주륜 착륙 장치, 아이언 버드 시험(Iron Bird Test) 리그, 환경 제어 계통(ECS)–엔진 통합 시험체를 구성하였다. 아이언 버드 시험 리그와 환경 제어 계통–엔진 통합 시험체는 개발 시험 목적으로 활용하였다. KC–100 주요 시험체는 그림 4–5와 같다.

KC–100에서 수행한 시험의 90% 이상이 적합성 입증 목적의 시험이며, 이를 위하여 시험 계획서와 시험 결과 보고서를 각각 300여 건 작성하였다.

2 주요 실험실 시험(Lab/Bench Test)

실험실 시험(Lab/Bench Test)은 적합성 입증 방법(MOC) 중 4번에 해당되며, 기체(Airframe), 조립체(Sub–Assemblies), 하부 계통(Sub–system) 수준에서 리그 또는 별도의 시험 설비를 구성하여 수행한다.

• 그림 4-5 • KC-100 시험체

KC-100 개발에서는 표 4-3의 27개 항목의 적합성 입증 시험을 수행하였다.

• 표 4-3 • Lab/Bench 적합성 입증 시험 항목

	적합성 입증 방법	시험 항목
1	Lab/Bench (MOC4)	Laminate Material Allowables Test(Coupon Test)
2		Wet Lay-up Lamina Material Allowables Test(Coupon Test)
3		Equivalency Test(Coupon Test)
4		Element Test
5		WING BOX & MLGSS Static Test
6		H/T Support Structure Static Test
7		EMS Static Test
8		WING BOX & MLGSS Fatigue Test
10		EMS Fatigue Test
11		Full-scale Static Test

12	Lab/Bench (MOC4)	Full–scale Fatigue Test
13		Emergency Egress Demonstration
14		Turnover Sub–component Static Test
15		Cabin Door Forward Locking System Static Test
16		Integral Fuel Tank Vibration Test
17		Horizontal Tail Component Vibration Test
18		Flame Resistance Test(Floor)
19		Fire Protection Test(Bulkhead)
20		Fire Resistance Test(Cowl)
21		Flammability Test for Cable and Wire
22		Horizontal Flammability Test for Baggage Strap
23		Flammability Test for Interior
24		Direct Effect of Lightning Test
25		Landing Gear System Drop Test for MLG
26		Landing Gear System Drop Test for NLG
27		FADEC System HIRF Test

• MLGSS(Main Landing Gear Support Structure) • H/T : Horizontal Tail

KC–100에서 적용하는 실험실 시험 중 기체 구조물의 건전성을 입증하기 위한 구조 시험에는 BBA(Building Block Approach) 개념을 적용하였다. BBA는 그림 4–6, 4–7과 같이 복합

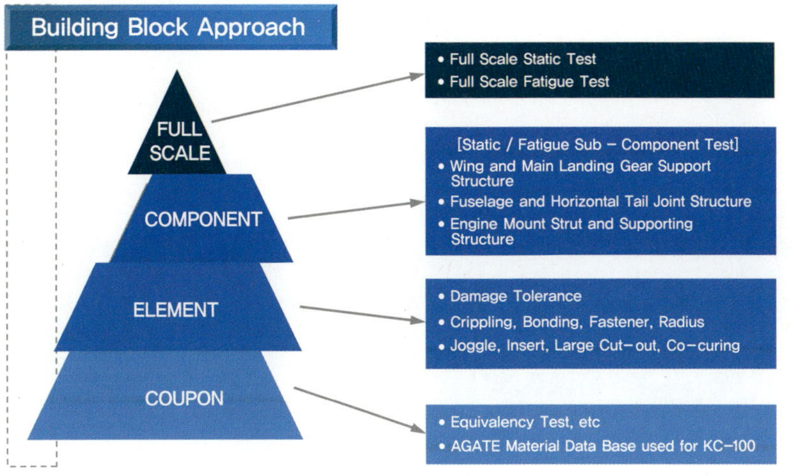

• 그림 4–6 • Building Block Approach

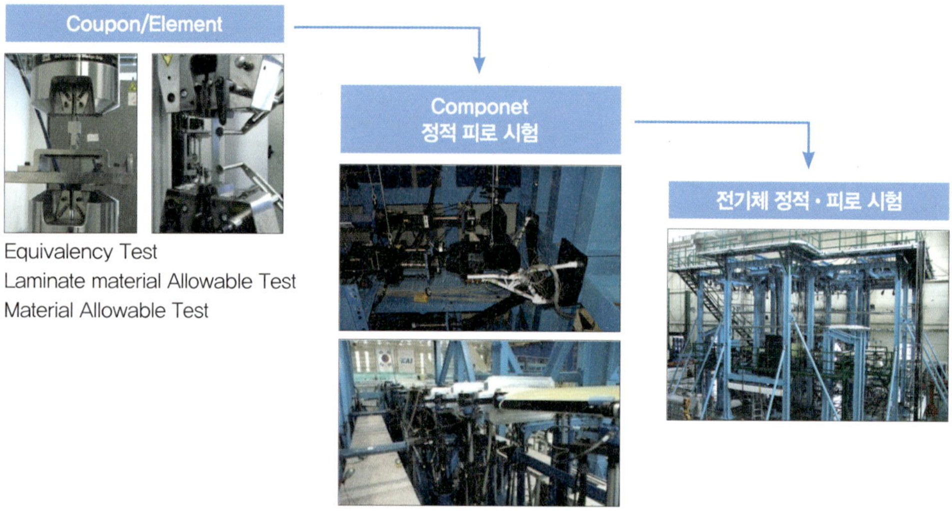

• 그림 4-7 • BBA에 따른 구조 시험 단계

재 구조물에 대한 입증을 목적으로 항공기 제작사에서 일반적으로 적용하는 방법이다. 복합재 시편부터 전기체에 이르기까지 순차적으로 적용하여 시험에 소요되는 비용과 일정을 줄이기 위한 효율적인 방법으로 알려져 있다.

시편(Coupon), 엘리먼트(Element), 구성품(Component), 전기체(Full Scale) 시험으로 확대하여 순차적으로 수행하며, 시험 및 해석으로 구조 건전성을 입증하게 된다.

실험실 시험(Lab/Bench Test)의 주요 수행 항목은 다음과 같다.

(1) 복합재 시편 · 엘리먼트 시험

재료 허용치를 위한 동등성 시험, 라미네이트 시험으로 분류하며 설계 허용치를 확보할 목적으로 수행된다. 또한 복합재 구조물 손상 발생 시 수리 물성 확보를 위한 액상 수지 적층(Wet-Layup) 시험도 수행하였다. 엘리먼트 시험의 경우 그림 4-8과 같이 주요 체결부 및 라미네이트에 대하여 크리플링(Crippling), 접착(Bonding), Large Cut Out, 조글(Joggle) 등 9개 항목에 대한 시험을 통해 얻어진 기계적인 물성 및 설계 허용치를 이용하여 설계를 수행하였다.

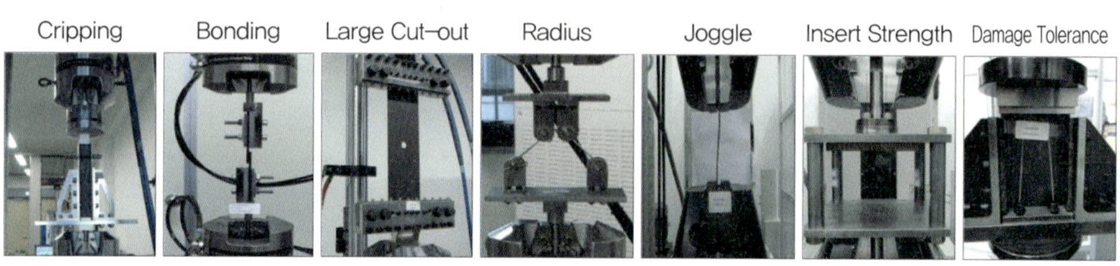

• 그림 4-8 • 엘리먼트 시험의 종류

(2) 구성품(Component) 정적 · 피로 시험

주요 구조물 3종에 대한 구조 건전성을 검증하고 정적 강도, 피로 요구 조건과 손상 허용 정도를 만족하는지의 여부를 입증하기 위하여 수행한다. 정적 강도 요구 조건은 설계 제한 하중에서 구조적인 변형이 없어야 하고, 설계 극한 하중에서 파손 없이 견뎌야 한다. 주요 구조물 3종은 다음과 같다.

① 주익 박스 및 주륜 착륙 장치 지지 구조물(MLGSS)

② 미익 체결부

③ 엔진 지지 구조물(EMS, Engine Mount Strut)

(3) 전기체 정적 · 피로 시험

항공기 기체 구조물이 규정된 정적 강도 및 기체 수명 요구 조건을 충족하는지 여부를 검증하는 시험이다. 적합성을 입증하기 위해 해석적 방법으로는 한계가 있기 때문에 항공기 수준의 전기체로 시험을 수행한다. 정적 시험의 경우 유한 요소 모델, 내부 하중 계산 및 상세 응력 해석의 적절성을 입증하며, 피로 시험의 경우 여러 가지 조건의 반복 응력을 가하여 기체의 내구성, 손상 허용 정도를 검증하게 된다.

(4) 화염 시험(Flammability Test)

항공기 내부 화재 시 안전성을 입증하기 위하여 주요 구조물 5종에 대한 화염 시험을 수행하였다. KC-100 개발 시 수행되었던 화염 시험은 다음과 같으며, 그림 4-9에서는 화재 방지 시험과 내화성 시험 장면을 보여 주고 있다.

① 화재 방지 시험(Fire Protection Test)

- 시험체 : Firewall + Insulation + Bulkhead(Composite)
- 2,000 ±150℉에서 15분간 화염 시험을 통해, Firwall로 화염이 관통하지 않음을 검증(No Flame Penetration)

• 그림 4-9 • 화재 방지 시험(좌) 및 내화성 시험(우)

• 동일 조건에서 벌크헤드(Bulkhead)가 귀환 하중을 견딜 수 있는지를 검증(No Catastrophic Failure for Get–Home Load)

② 내염성 시험(Flame Resistance Test)

• 시험체 : Floor 시편

• 1,550°F에서 15초간 화염 시험을 통해, 설계된 Floor의 내염성 검증

③ 내화성 시험(Fire Resistance Test)

• 시험체 : Cowl

• 56kts Air Flow를 고려하고, 2,000±150°F에서 5분간 화염 시험을 통해, 설계된 카울의 내화성 검증

④ 내장재 화염 시험(Interior Flammability Test)

• 시험체 : 내장재

• 자기 소화성(Self–extinguishing) 0° 시험 수행(Part 23, Appendix F)

⑤ 케이블 화염 시험(Cable Flammability Test)

• 시험체 : 전기 케이블

• 자기 소화성(Self–extinguishing) 60° 시험 수행(Part 23, Appendix F)

(5) 연료 탱크 진동 시험

연료 대신 물을 연료 탱크에 주입한 후 진동을 가한 뒤 연료 탱크의 누설, 파괴 또는 과도한 변형이 없음을 입증하기 위한 시험이다. 시험액은 연료 탱크의 2/3±1%로 채웠으며, 시험 시작에서 종료까지 요구되는 시간은 25시간이었다.

(6) 직접 낙뢰 시험(Direct Effect of Lightning Test)

항공기 낙뢰 구역에 따른 대표 시편을 선정 · 제작하여 낙뢰 구역별로 낙뢰를 직접 인가하고 항공기 구조 건전성을 입증한다. 연료 계통의 경우 연료 탱크 내의 아크 및 스파크 발생 여부를 확인하는 시험이다. 그림 4–10에서는 직접 낙뢰 시험을 보여 주고 있다.

낙뢰 직접 영향에 대한 입증 대상은 총 9가지였으나, 이중 프로펠러는 프로펠러 형식 증명에서 수행한 시험 결과를 가지고 입증하였으며, 나머지 8종은 다음과 같다.

① 구조물 표피 패널(Structural Skin Panel)

② 동체 중심선 연결부(Fuselage Centerline Joint)

③ 방화벽–동체–카울 연결부(Firewall–Fuselage–Cowl Joint)

④ 날개–동체 전기적 본딩 및 내측 연료 탱크 시편(Wing to Fuselage Electrical Bonding and Inboard Fuel Tank Specimen)

⑤ 연료 탱크 점검창 및 배유 밸브 장착(Fuel Tank Access Door and Drain Valve Installation)

⑥ 외측 날개부 및 외측 연료 탱크(Outboard Wing Section and Outboard Fuel Tank)

⑦ 수평 안정판(Horizontal Stabilizer)

⑧ 창문(Window)

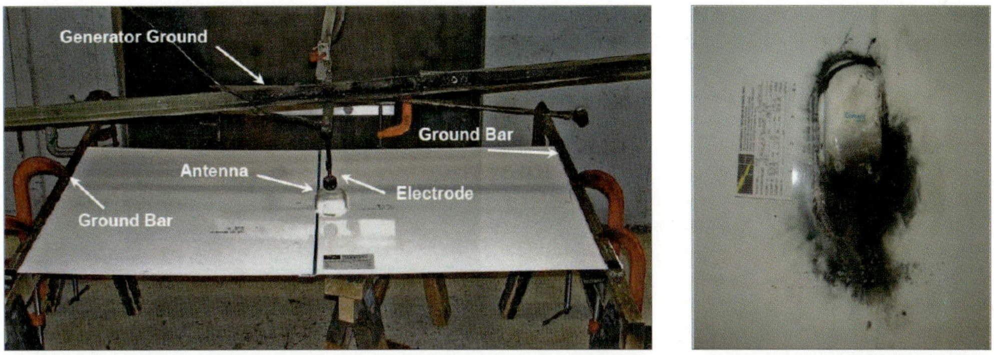

• 그림 4-10 • **직접 낙뢰 시험(GPS 안테나)**

(7) 항공기 전복(Turn Over) 정적 시험

항공기 전복(Turnover) 시 승객의 안전성을 입증하고 비상 착륙 시 동체의 변형에 의해 도어(Door)가 재밍(Jamming)되지 않음을 그림 4-11과 같이 입증하는 시험이다. 시험은 100% 및 146% DLL(Design Limit Load) 조건에서 수행하였으며, 가해진 시험 하중으로 인한 도어 재밍은 발생하지 않았다.

• 그림 4-11 • **항공기 전복 정적 시험**

(8) 비상 탈출 데모 시험

항공기 기술 기준의 "비상 탈출구" 요건에 따라 항공기가 뒤집어진 상태에서 혼잡 없이 승객이 탈출할 수 있음을 실증하기 위한 것이다.

(9) 착륙 장치 낙하 시험

착륙 장치의 충격 하중 흡수 능력과 구조 건전성에 대한 입증 방법으로 그림 4-12와 같이 수행되며 전륜 · 주륜 착륙 장치를 각각 시험한다. 적합성 입증 시험의 위험을 줄이기 위해 사전 예비 낙하 시험(Pre Drop Test)을 수행하였다.

• 그림 4-12 • 전륜 · 주륜 착륙 장치 낙하 시험

(10) 전자식 엔진 제어 시스템 고강도 전자기장 시험(FADEC System HIRF Test)

항공기 실제 형상을 모사한 전자식 엔진 제어 시스템에 항공기 차폐율을 고려한 전자파를 인가하고 전자식 엔진 제어 시스템의 정상적인 동작 상태를 확인하는 시험이다.

(11) 아이언 버드 시험(Iron Bird Test)

비행 조종 계통(FCS, Flight Control System)의 구조적 강도와 기계적인 연동 관계를 확인하기 위해 항공기와 동일한 시험 리그를 그림 4-13과 같이 구성하여 조종 장치의 변위, 조종력, 제한 · 극한 하중을 측정하는 시험이다. 본 시험은 개발 시험으로 수행하고 적합성 입증 목적의 시험은 항공기 지상 시험으로 수행하였다.

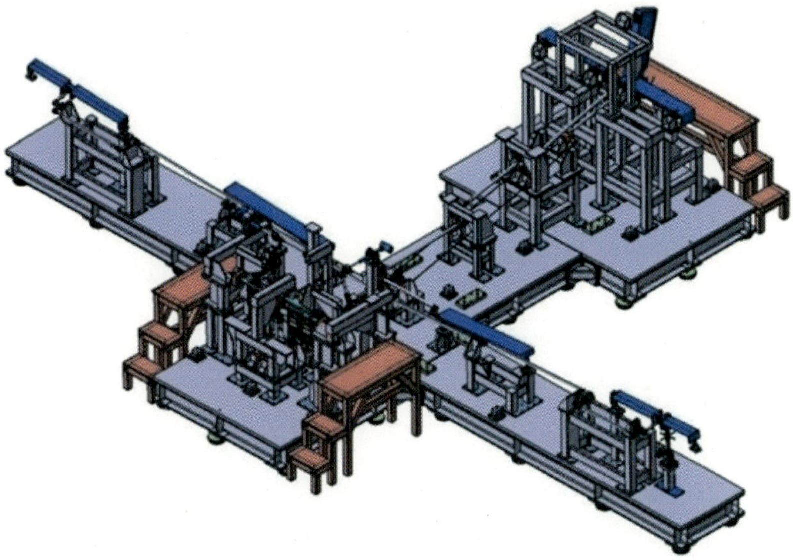

• 그림 4-13 • Iron Bird Test Rig

3 지상 시험(Ground Test)

지상 시험은 적합성 입증 방법 중 MOC5에 해당되는 시험으로 주로 각 분야별 계통 시험이 해당된다. KC-100 개발에서는 적합성 입증 목적으로 표 4-4와 같이 20개의 적합성 입증 지상 시험을 수행하였다.

• 표 4-4 • KC-100 지상 시험 항목

적합성 입증 방법		시험 항목
1	Ground Test (MOC5)	Ground Vibration Test(GVT)
2		Aircraft Load Calibration Test(ACT)
3		Fuel System
4		Flight Control System
5		Propulsion System
6		De-icing System
7		Oxygen System
8		Brake System
9		Environmental Control System
10		Avionics system

11	Ground Test (MOC5)	Autopilot System
12		Pitot-Static System
13		PVI(Pilot-Vehicle Interface) Test
14		EMC Test
15		External Lighting System
16		Internal Lighting System
17		Electrical System
18		Indirect Effect of Lightning Test
19		HIRF Test
20		Weight and Balance Test

(1) 지상 진동 시험(GVT, Ground Vibration Test)

플러터 비행 시험 전 항공기 구조물의 동적 특성 영향을 지상에서 규명하고 해석 결과와 비교 · 검증하여 플러터 해석 모델의 신뢰성과 비행 시험 안전성을 확보하기 위해 그림 4-14와 같이 수행하였다. 전기체를 공중에 부양하고 가진기를 설치, 가속도계로 응답 신호를 계측하여 항공기의 고유 진동수, 고유 모드, 감쇠 계수 등의 모달 특성을 추출하게 된다.

• 그림 4-14 • 지상 진동 시험(GVT)

(2) 비행 하중 보정 시험(ACT, Airload Calibration Test)

구성품과 전기체 시험으로 나누어 수행하며, 시험 하중에 대한 응력 게이지(Strain gauge) 데이터 확보를 통해 하중방정식을 생성하기 위한 목적으로 이루어지며, 제한 하중의 80%를 넘지 않도록 되어 있다. 그림 4-15에서는 전기체 비행 하중 보정 시험 장면을 보여 주고 있다.

• 그림 4-15 • 비행 하중 보정 시험(ACT)

(3) 세부 계통 지상 시험

항공기에 장착된 세부 계통의 기능 및 성능을 검증하고 기술 기준에 대한 적합성 입증 목적으로 연료, 추진, 비행 조종, 환경 제어, 착륙 장치, 산소, 제빙 계통 등이 포함된다.

① 연료 계통 지상 시험 : 연료 계통 지상 시험의 경우 표 4-5와 같이 10개 항목의 시험을 수행하였다. 그림 4-16은 연료 계통 지상 시험을 보여 주고 있다.

• 표 4-5 • 연료 계통 지상 시험 항목

No.	시험 항목
1	Unpumpable, Undrainable Fuel Quantity
2	Fuel Flow Test
3	Gascolator Pop-up Test
4	Boost Pump Operation Test
5	Fuel Quantity Probe Contamination Detection Test
6	Fuel Quantity Probe Calibration Test
7	Boost Pump-Engine Compatibility Test
8	Refuel Time and Fuel Quantity Probe Calibration Check
9	Fuel System Warning/Caution/Advisory Test
10	Hot Weather Operation Ground Demonstration

• 그림 4-16 • Fuel Flow Test와 Hot Weather Operation Test

② 비행 조종 계통 지상 시험 : 비행 조종 계통 기능 점검을 통해 조종 입력 대비 출력의 적절성을 확인하고, 그림 4-17과 같이 제한 하중 정적 시험(Limit Load Static Test)으로 비행 조종 계통 구성품에 대한 구조 건전성을 검증하는 시험이다. 또한 작동 시험(Operation Test)을 통해 재밍, 마찰, 변형 여부도 확인하였다.

• 그림 4-17 • **비행 조종 계통 지상 시험**

③ 추진 계통 지상 시험 : 추진 계통의 기능 및 작동을 검증하고 엔진 냉각에 대한 적합성을 지상에서 입증하는 시험이다. 이외 엔진 오일량 지시기의 정확도 검증과 프로펠러에 대한 속도, 지상과의 간격 및 진동 시험이 포함된다.

④ 제빙 계통 지상 시험 : 제빙 계통의 기능 및 작동을 검증하고 날개와 프로펠러의 제빙액 분사량을 지상에서 측정하는 시험이다. 그림 4-18에서는 제빙 계통 지상 시험 시 날개의 제빙액의 분사량을 측정하는 것을 보여 주고 있다.

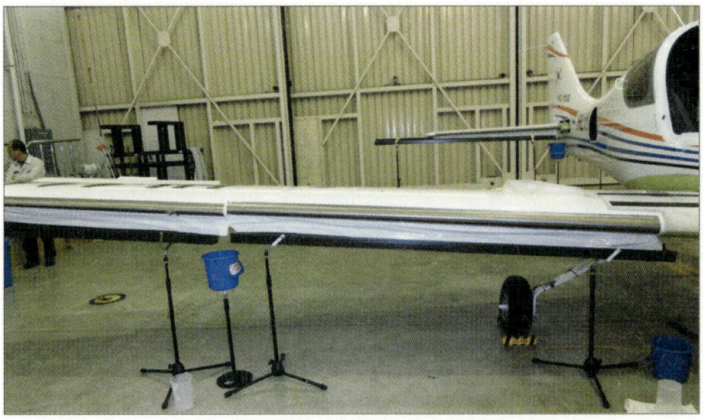

• 그림 4-18 • **제빙 계통 지상 시험**

⑤ **산소 계통 지상 시험** : 산소 공급에 대한 누설 여부를 확인하고 기능 및 작동을 지상에서 검증하는 시험이다. 또한 산소 탱크 내부의 고 · 저 압력을 측정하는 시험도 수행하였다.

⑥ **착륙 장치 계통 지상 시험** : 착륙 장치 계통 중 브레이크의 제동 능력을 확인하는 Proof Pressure 시험으로 2분간 1,500 psi의 압력이 유지됨을 지상에서 입증한다. 착륙 장치 계통 지상 시험 장비와 시험 장면은 그림 4-19와 같다.

• 그림 4-19 • **착륙 장치 계통 지상 시험**

⑦ **환경 제어 계통 지상 시험** : 환경 제어 계통의 냉 · 난방 시스템에 대한 기능 및 작동을 검증하고 화재 발생 시 엔진 카울 내부의 유해한 가스가 유입되지 않도록 장착된 FSOV(Firewall Shut Off Valve)가 제대로 작동하는지를 지상에서 확인하는 시험이다. 이 외 객실 내부의 CO 농도가 기준치를 초과하지 않는 것을 입증하기 위해 CO 농도 측정 시험도 수행하였다.

(4) 전장 계통 지상 시험

세부 계통 지상 시험과 목적은 동일하며 항전, 자동 조종, 동정압 시스템, 내외부 조명 장치, 전기 계통, 전자기 적합성(EMC), 간접 낙뢰 시험, PVI, 고강도 전자기장(HIRF) 시험이 포함된다.

① 간접 낙뢰 시험 : 전기체 상태에서 낙뢰의 간접 영향성에 따른 항공기의 전기 및 전자 장비의 안전 영향성을 확인하는 시험으로 그림 4-20과 같다.

• 그림 4-20 • **간접 낙뢰 시험**

② 고강도 전자기장(HIRF, High Intensity Radiated Fields) 시험 : 항공기 외부 고강도 전자기파 환경(레이더, 고출력 송신기 등)으로 인한 항공기 안전을 확인하는 시험으로, 그림 4-21에서 보여 주듯이 특정 위험 분석에서 수준 A로 할당된 시스템에 대하여 영향성을 확인하는 시험이다. 전기체 상태에서 고강도 전기장의 기체 내 감쇄율을 측정한다.

• 그림 4-21 • **고강도 전자기장(HIRF) 시험**

③ **항전 계통 지상 시험** : 항전 계통의 각 장비들의 기능 및 작동을 지상에서 검증하는 시험이다. 또한 그림 4-22에서 보여 주는 것과 같이 자력계(Magnetometer)에 대한 정확도를 보정하기 위한 시험도 포함된다.

• 그림 4-22 • **항전 계통 지상 시험**

④ **자동 조종 계통 지상 시험** : 자동 조종 계통의 기능 및 작동을 지상에서 검증하는 시험으로, 실속 경고와 자동 조종 모드별로 작동에 이상이 없는지를 확인하였다.

⑤ **동정압 계통 지상 시험** : 동정압 계통의 기능 및 작동을 검증하는 시험으로, 정압 시스템의 누설 여부를 확인하고 장비를 통해 비행 속도와 고도를 시뮬레이션하여 지시계에서 표시되는 속도를 검증하는 시험이다.

⑥ **PVI 지상 시험** : 항공기에 설계된 조종 관련 계기들이 조종사의 편의성을 고려하여 장착되었는지를 지상에서 평가하는 시험으로, 조종사들이 직접 탑승하여 계기들의 위치, 배열, 시인성, 시야성, 탑승 편의성들을 평가하였다.

⑦ **전자기 간섭 지상 시험** : 항공기에 장착된 전자 장비들 간의 전자기 간섭에 의한 영향이 없는지를 확인하는 시험으로, 가해 장비와 피해 장비로 분류하여 각각의 전자기 간섭을 확인하였다.

⑧ **외부 조명 지상 시험** : 야간 시 항공기에 장착된 외부 조명에 대한 작동을 검증하는 시험으로, 이 · 착륙 등 충돌 방지 등의 조종사에게 눈부심 영향과 할레이션(Halation) 현상이 발생하지 않는지를 야간에 지상 시험을 통해 검증하였다. 그림 4-23에서는 야간 외부 조명 지상 시험 장면을 보여 주고 있다.

• 그림 4–23 • **외부 조명 지상 시험**

⑨ 내부 조명 지상 시험 : 주 · 야간 시 내부 조명에 대한 기능 및 작동을 검증하는 시험으로, 조종사와 승객이 편안할 수 있도록 규정된 조도에 대한 기준을 만족하는지를 지상에서 확인하는 시험이다. 이를 위하여 그림 4–24와 같이 주간에 암막천을 이용하여 야간 환경을 만들어 시험을 수행하였다.

• 그림 4–24 • **내부 조명 지상 시험**

⑩ 전기 계통 지상 시험 : 전기 계통의 기능 및 작동을 지상에서 검증하는 시험으로, 정상, 비정상, 비상 운용을 구분하여 시험을 수행하였다.

(5) 중량 및 평형(Weight and Balance) 지상 시험

항공기의 실중량과 무게 중심(C.G., Center of Gravity)을 측정하는 시험으로, 항공기를 수평 상태로 유지하여 그림 4–25와 같이 전륜 및 주륜 타이어 아래 각각 대형 저울을 위치시켜 중량을 측정하였다. 이 결과를 바탕으로 항공기 설계 모델상에 거리를 측정하여 모멘트를 구

• 그림 4-25 • **중량 평형 지상 시험**

하고, 최종적으로 무게 중심을 계산한다.

4 비행 시험(Flight Test)

비행 시험(Test Flight)은 항공기의 요구된 성능과 비행 특성을 확인하고 항공기 기술 기준에 적합한지를 비행을 통하여 입증하는 시험이다. 군용기의 경우 요구된 전투 운용 능력 및 성능과 감항성을 검증하는 것이 목적이지만 민항기의 경우 항공기 기술 기준 적합성을 입증하는 것이 차이점이다.

• 그림 4-26 • **비행 시험**

(1) 민항기 비행 시험 인프라

KC-100은 국내 여러 비행장의 비행 시험을 위한 기본 시설 및 기상 조건 등의 분석을 통하여 사천 비행장이 최적의 장소로 선정되어 민항기 비행 시험 센터 등 주요 인프라를 구축하여 비행 시험을 수행하였다. 주요 비행 시험 인프라로는 그림 4-27과 같이 민항기 비행 시험

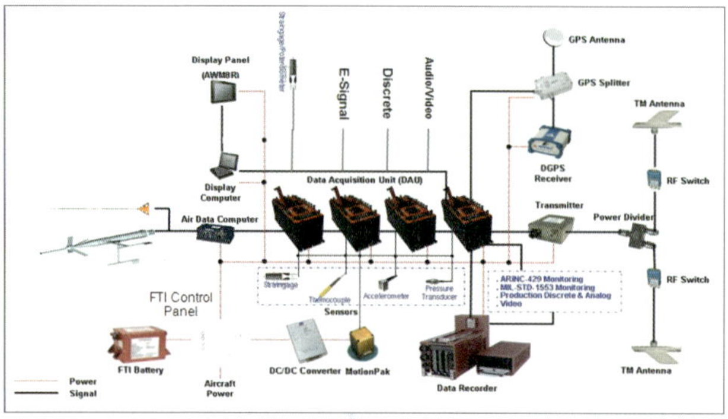

계측 시스템

민항기 비행 시험 센터

• 그림 4-27 • **비행 시험 인프라**

센터, 계측 시스템 등이다. 특히, 항공기에 탑재되는 계측 시스템은 테스트 붐(Test Boom), 가속도계(G Meter), DGPS(Detrimental GPS) 등 기본적으로 시제기에 장착되는 시스템과 시험 목적상 장착되는 플러터 가진기(Flutter Exciter), 스핀 회복 낙하산(SRC, Spin Recovery Chute), 카메라(Camera) 및 트레일링 콘(Trailing Cone) 등이 있다.

1) 민항기 비행 시험 센터

민항기 비행 시험 센터는 그림 4-28에서 보여 주듯이 비행 전후 브리핑을 위한 브리핑 룸과 비행 시제기의 실시간 추적을 통한 항공기의 건전성 및 시험 데이터 획득을 위한 지상 계측실과 통제실(MCR) 및 각종 비행 시험 센서와 장비에 대한 점검과 고장 탐구를 수행할 계측 준비실로 구성되어 있다.

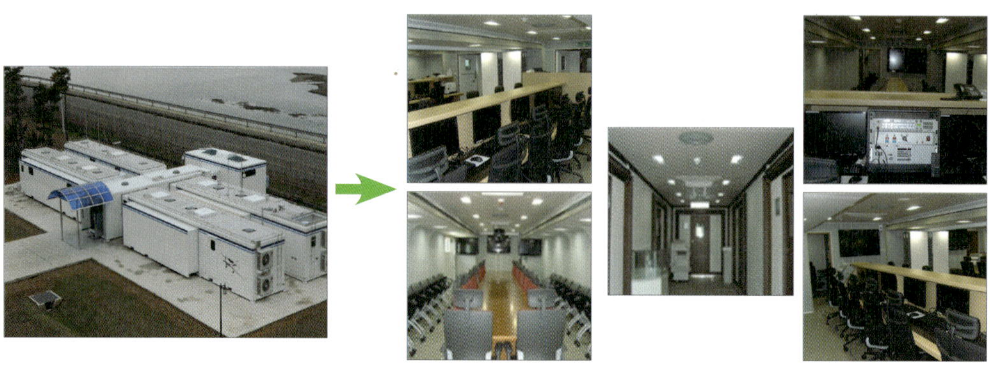

• 그림 4-28 • **민항기 비행 시험 센터**

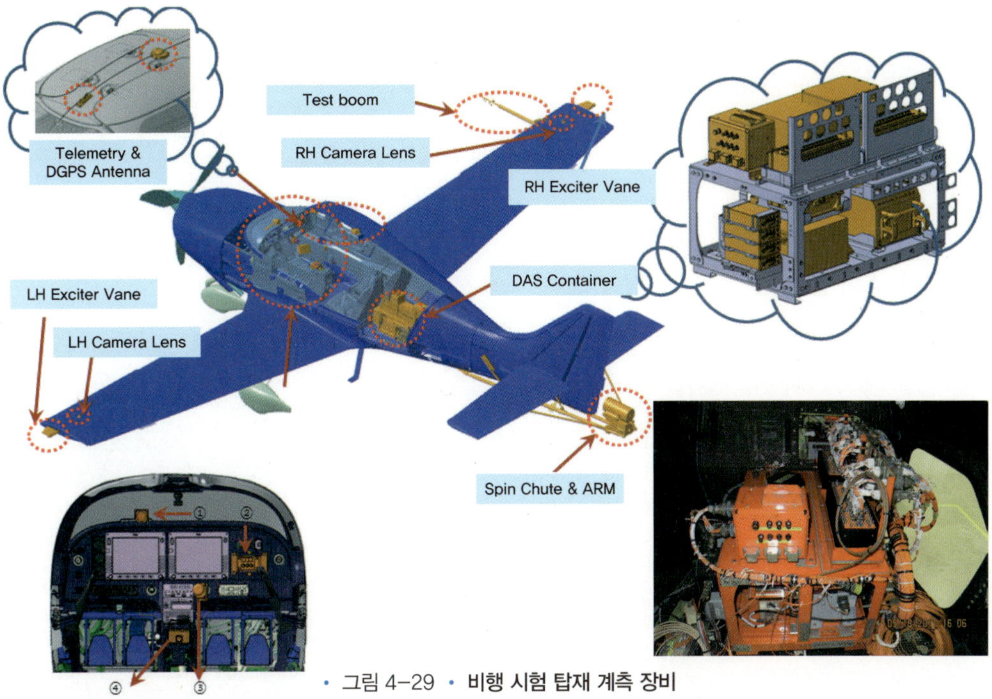

• 그림 4-29 • **비행 시험 탑재 계측 장비**

2) 계측 시스템

크게 지상 계측 장비와 시제기에 탑재하는 탑재 계측 장비로 구분된다. 비행 시험 시 관련 계측 데이터를 실시간으로 항공기에 탑재된 계측 장비를 통해 지상으로 전송하며, 이러한 데이터를 지상에서 실시간으로 수신 받아 저장하고 통제실에서 모니터링할 수 있다. 비행 시험 시제기에 탑재되는 계측 장비는 그림 4-29에 나타나 있다.

3) 시험 비행 조종사

시험 비행 조종사 양성을 위해 해외 비행 시험 전문 양성 기관(NTPS)에서 전문가 교육을 수료하였고 1,500시간 이상의 비행시간을 이수하여 자격을 취득하였다.

4) 추적기 운영

비행 시제기의 안전을 위해 시험 조건에 따라 동급 항공기와 KT-1을 추적기로 운영하였다.

(2) 비행 시험 내용

적합성 입증을 위해 20개 분야의 비행 시험을 수행하였고, 비행 시험 안전과 성능을 확인하기 위한 초기 감항 시험, 스핀 회복 낙하산(SRC) 전개 시험, 지상 활주(Taxiing) 시험 등은 개발 시험으로 수행하였다. 인증 비행 시험의 경우 수행된 적합성 입증 시험에서 일부를 선별하여 인증 당국 주관으로 수행되었다.

적합성 입증 비행 시험 항목은 표 4-6과 같다.

• 표 4-6 • 적합성 입증 비행 시험 분야

	적합성 입증 방법	시험 항목
1	Flight Test (MOC6)	Flutter
2		Load
3		Stability and Control
4		Performance
5		Air Data Calibration
6		Noise
7		Avionics System
8		Automatic Pilot System
9		Propulsion System
10		Environmental Control System
11		Fuel System
12		Oxygen System
13	Flight Test (MOC6)	De-icing System
14		Landing Gear System
15		Flight Control System
16		Electrical System
17		EMC
18		External Lighting System
19		Engine Cowling Vibration
20		Pilot Flight Evaluation

1) 플러터(Flutter) 시험

비행 영역 내에서 플러터 불안정성 및 수명 주기 진동(LCO, Life Cycle Oscillation)과 같은 이상 진동 현상이 없음을 확인하기 위해 그림 4-30과 같이 주익 끝단에 가진기를 장착하여 시험을 수행하였다.

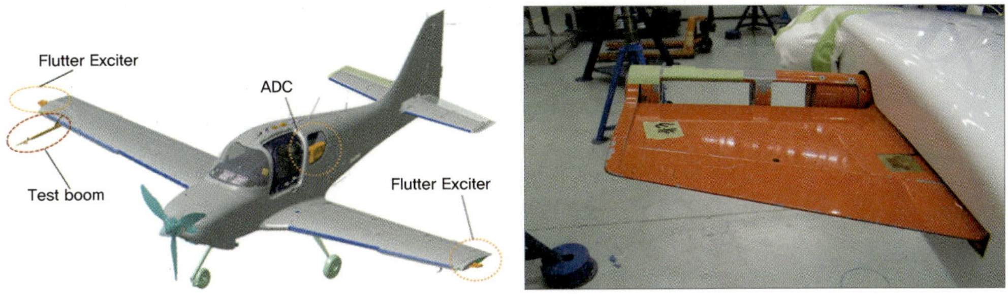

• 그림 4-30 • **플러터 비행 시험 셋업**

2) 하중 시험

기술 기준에 제시된 하중 요구 사항이 만족됨을 보이기 위해 항공기에 장착 · 보정된 응력 게이지(Strain gauge)를 사용하여 하중의 크기를 측정하고, 구조 설계 시 사용된 하중이 적절한지 확인한다.

3) 조종 안정성 시험

항공기 각 축의 동 · 정안정성 확인을 위한 시험과 실속(Stall), 스핀(Spin) 시험 및 이 · 착륙 시험을 통한 항공기의 조종 안정성을 확인한다. 특히 스핀 시험은 비상 상황을 고려하여 스핀 회복 장치를 장착한 상태에서 먼저 수행 후 기본 형상으로 최종 스핀 특성 확인 시험을 수행

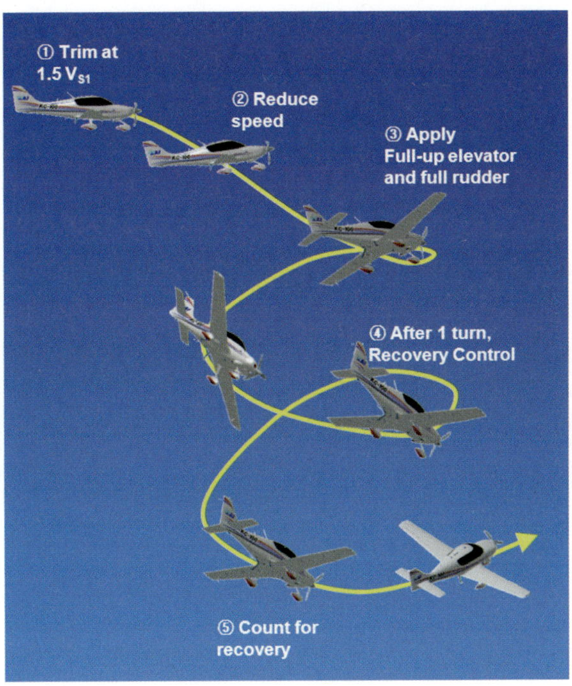

• 그림 4-31 • **스핀 기동**

한다. 그림 4-31은 조종 안정성 분야의 스핀 항목 비행 시험 시 스핀 진입 기동에서 회복하는 절차를 보여 주고 있다.

4) 동정압 보정 시험(Air Data Calibration)

정압 오차를 보정하여 고도 및 속도를 보정하는 시험으로, 그림 4-32와 같이 Trailing Cone Method를 활용하여 수행하였다.

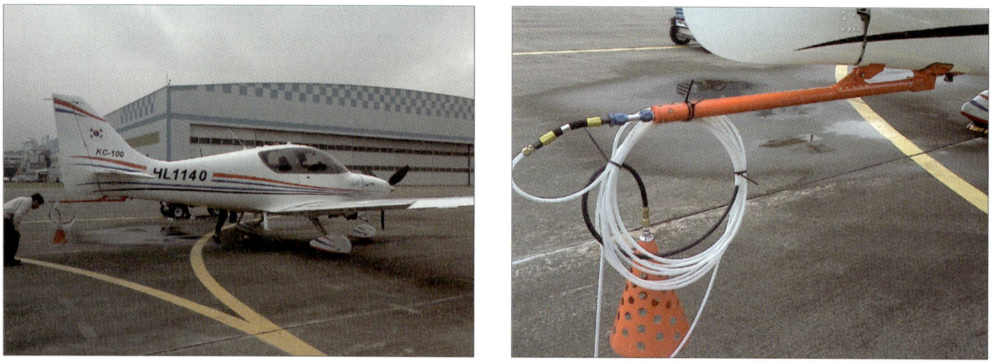

• 그림 4-32 • Trailing Cone

5) 소음 시험

소음 기술 기준 Part 36의 적합성 입증을 위해 요구되는 비행 경로로 항공기 외부 소음 수준을 확인한다. 시험은 항공기가 최대 이륙 중량으로 이륙하여 최대 상승률 속도(V_y)로 이륙 활주 시작(Brake Release) 지점부터 2,500 m가 되는 지점을 통과할 때 지상에서 마이크로폰 등의 장비로부터 측정한 항공기의 외부 소음이 Part 36의 허용 가능한 소음 수준 이내에 있음을 확인한다. 그림 4-33은 소음 측정 구간과 시험 비행 경로를 보여 주고 있다.

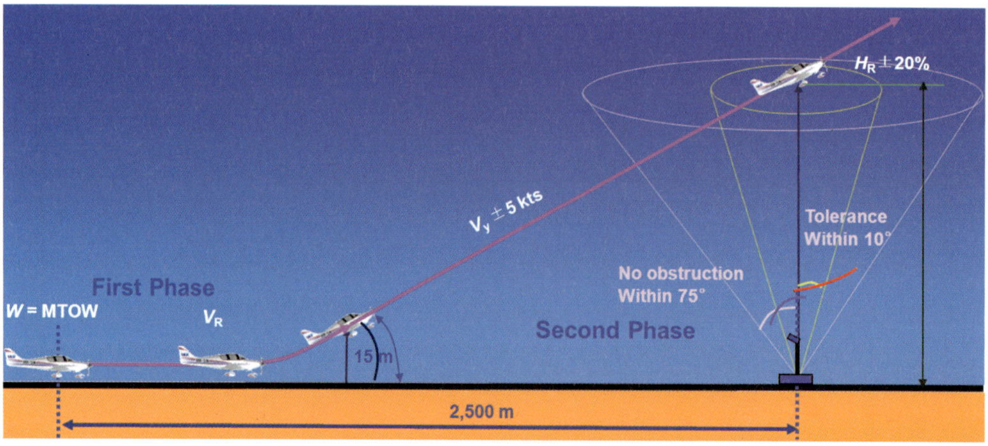

• 그림 4-33 • 소음 시험 비행 경로

6) 성능 시험

항공기 성능 요구도를 만족하고 항공기 운항에 필요한 성능 데이터 획득을 위해 이 · 착륙 시험, 보크(Balk) 착륙 시험, 실속 속도 시험, 상승 및 활강 시험 등이 수행된다.

7) 세부 계통 비행 시험

지상 시험과 유사하게 비행 중 항공기의 안전성, 기능, 성능 및 적합성 입증에 대한 항목을 수행하며 연료 계통, 추진 계통, 산소 계통, 환경 제어 계통, 비행 조종 계통, 제빙 계통 시험, 착륙 장치 계통 시험 등을 수행하였다.

① **추진 계통 시험** : 기본적인 추진 계통 성능 확인 시험을 비롯해 냉각 시험, 공중 재시동 시험 및 프로펠러 진동 시험 등이 있다.

- Operating Characteristic
- Air Start
- Cooling
- Negative Acceleration
- Induction System Icing Protection
- Exhaust Gas
- Propeller Speed
- Drain

그림 4-34는 엔진의 냉각 성능에 대한 적합성을 입증하기 위한 엔진 냉각(Engine Cooling) 시험으로, 최대 전력 공급 상태의 가혹 조건을 모사하기 위해 후방석 위치에 부하 저항기(Load bank)를 장착하여 시험하였다.

• 그림 4-34 • **부하 저항기(Load bank)**

연료 배유(Drain) 시험 시 고온의 엔진 배기 파이프에 흡착되지 않고 안전하게 배유됨을 그림 4-35에서와 같이 페인트로 모사하여 시험하였다.

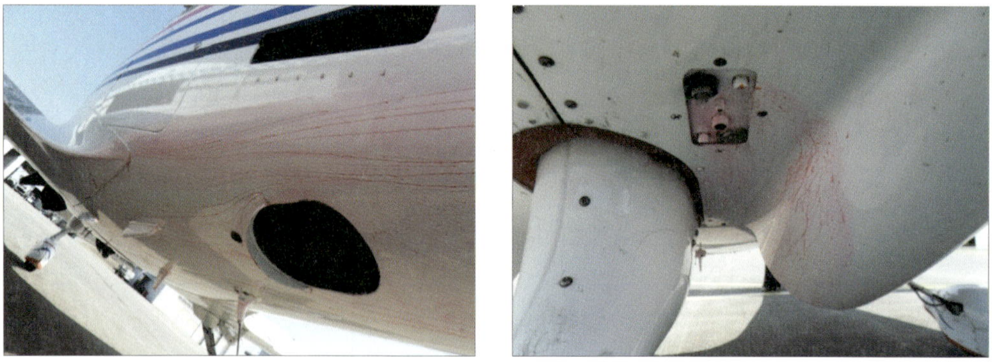

• 그림 4-35 • **Drain 항목 시험**

② **연료 계통 시험** : 연료 계통 시험 항목 중 고온 기상 운용 시험(Hot Weather Operation Test)에 대한 적합성 입증 시험의 경우, 고온의 기상 상태에서 연료 공급 성능의 기술 기준에 만족함을 입증하여야 한다. KC-100의 경우 연료 가열 장비로 연료를 가열한 후 급유하여 항공기가 비행 중에 연료 공급 성능에 만족함을 입증하였다.

③ **환경 제어 계통 비행 시험** : 환경 제어 계통의 기능 및 성능을 검증하고, 객실 내 CO 농도를 측정하여 기준치를 초과하지 않음을 입증하는 시험이다. 또한 강우 시 고고도에서 급하강하여 김서리 제거 작동을 통해 조종사 시야가 확보됨을 검증하였다. 그림 4-36은 환경 제어 계통 비행 시험 중 김서리 제거(Defog) 시험 항목을 위해 여러 대의 가습기를 객실 내부에 장착하여 김서리를 모사하는 장면이다.

• 그림 4-36 • **환경 제어 김서리 제거(Defog) 시험**

④ **산소 계통 비행 시험** : 비행을 통해 산소 계통의 기능과 성능을 검증하고, 고도별로 최소 산소 공급량의 기준치 만족 여부를 측정하였다.

⑤ **제빙 계통 비행 시험** : 제빙 계통의 기능 및 작동을 비행을 통하여 검증하고 날개와 프로펠러의 제빙액 분사가 원활한지를 확인하는 시험이다.

⑥ **착륙 장치 계통 비행 시험** : 엔진의 최대 출력(Maximum Power) 상태에서 브레이크 압력이 최대치를 초과하지 않음을 입증하는 시험이다. 이를 위하여 브레이크 작동 상태에서 타이어 바퀴(Wheel)가 밀리지 않음을 보여 주었다.

⑦ **비행 제어 계통 비행 시험** : 비행 제어 계통에 대한 적합성을 비행을 통해 입증하는 시험으로, 조종력(Control Stick Force), 조종면 처짐각(Surface Deflection Angle)을 측정하고 조종면들의 작동을 검증하였다.

8) 전장 계통 비행 시험

전기 전자 계통 분야의 비행 시험을 통해 안전성, 기능, 성능 및 적합성을 입증하는 목적으로 수행한다. 항전, 자동 조종, 조명 장치, 전기 계통, 전자기 적합성(EMC), 조종실 계통(PFE) 시험들이 포함된다.

① **항전 계통 비행 시험** : 항전 계통의 각각 장비들의 기능 및 작동을 비행을 통해 검증하는 시험이다.

② **자동 조종 계통 비행 시험** : 자동 조종 계통의 기능과 안정성 및 조종 제어 성능을 비행을 통해 검증하는 시험이다. 이외 자동 트림(Auto Trim)의 고장을 모사하여 자동 조종의 능력을 입증하는 시험이 있다. 그림 4-37에서는 부조종석에 장착된 자동 조종 계통 고장 모사 장비를 보여 주고 있다.

③ **전기 계통 비행 시험** : 전기 계통의 기능 및 작동을 비행을 통하여 검증하는 시험으로, 정상, 비정상, 비상 운용을 구분하여 시험을 수행하였다.

④ **전자기 간섭 비행 시험** : 항공기에 장착된 전자 장비들 간의 전자기 간섭에 의한 영향이 없는지를 비행을 통해 확인하는 시험으로, 가해 장비와 피해 장비로 분류하여 각각의 전자기 간섭을 확인하였다.

⑤ **외부 조명 비행 시험** : 야간 비행을 통해 외부 조명 시스템에 대한 작동을 검증하는 시험으로, 이 · 착륙 등 충돌 방지 등이 조종사에게 눈부심 영향과 할레이션(Halation) 현상이 발생하지 않고 착륙 시 충분한 밝기의 조명이 제공될 수 있는지를 확인하였다.

⑥ **엔진 카울 진동 시험** : 기술 기준 §23.1193의 적합성을 입증하기 위해 비행을 통해 엔진 카울의 진동을 측정하여 비행 중 발생하는 진동에도 견딜 수 있음을 확인하였다.

⑦ **조종사 비행 평가 시험(PFE, Pilot Flight Evaluation)** : 지상에서 수행한 PVI 시험과 동일한 항목을 비행을 통해 검증하는 시험이다.

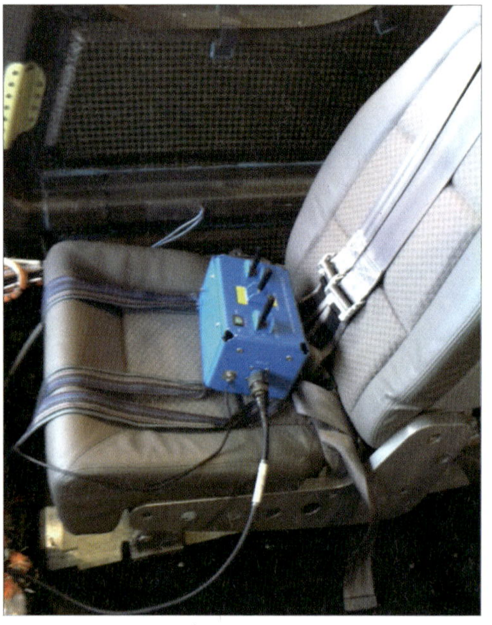

• 그림 4-37 • 자동 조종 계통 고장 모사 장비

Chapter 5

KC-100 항공기 개발 과정

01 개발 개요

항공기 개발은 고객 요구도로부터 설계 요구 조건을 설정한 후 개념 설계(Conceptual Design), 기본 설계(Preliminary Design), 상세 설계(Detail Design)의 설계 과정을 통해 설계를 구체화하고 이후 시제작, 지상 시험 및 비행 시험을 거쳐 최종적으로 항공기에 대한 인증 획득을 하는 과정으로 구분할 수 있다.

통상 설계라 하면 상세 설계 단계까지를 언급하는 경우가 많으나 실제 항공기 설계는 개발의 전 과정에서 이루어진다. 여러 단계의 개발 과정을 거치면서 설계 오류 및 개선 사항이 제작, 지상 시험 및 비행 시험 단계에서 빈번하게 발생한다. 따라서 항공기 설계는 개발의 전 단계에서 일어나며 상세 설계 이후의 설계는 주로 설계 개선이 주를 이룬다.

설계를 업무의 특성 중심으로 구분하면 외형 형상 확정(OML Freezing) 전의 개념 설계 및 기본 설계 단계와 외형 형상 확정 후의 상세 설계 및 상세 설계 이후의 설계 개선 단계로 나눌 수 있다.

개념 및 기본 설계 단계에서는 최적의 형상을 도출하기 위해 다양한 설계 변수에 대한 비교 연구와 여러 차례의 반복 과정을 거친다. 이후 외형 형상을 확정한 후 상세 설계로 진행하고 이를 제작하여 시험을 거쳐 최종적으로 항공기 개발을 완료한다.

시제작 및 비행 시험 단계에서의 설계 개선은 일정과 비용의 허용 범위뿐만 아니라 기 수행 시험의 영향성 및 항공기상에서의 재작업성까지 고려하여 개선안을 설계해야 하는 이중의 어려움이 있다.

02 | 개발 착수

본 개발 사업에 대한 계약은 2008년 6월13일 이루어졌으나, 인력 확보 및 설계 준비 등으로 실제 개발이 착수된 시점은 7월초였다. 개발 초기에는 이스라엘 IAI(Israel Aerospace Industries)사와 공동으로 설계를 수행하였다. 민항기 인증 개발 및 시장 분석 경험이 없는 당시로서 IAI사와의 공동 설계 목적은 세계 시장에 경쟁력을 가질 수 있는 설계 노하우와 인증 부분의 계획 수립 등 민항기 설계 기술 확보 및 민항기 시장에서 경쟁력을 가질 수 있는 항공기의 개발 및 인증 경험 획득이 주목적이었다.

설계의 기준 형상으로는 그림 5-1에서 보듯이 정부 제안 요청서에 제시된 요구도를 기본으로 시작하였으며, 이에 따른 설계 영향성을 파악하기 위해 요구 사양 비교 연구를 수행하였다.

Aircraft Type	Single Piston Engine
Seating	4(Including 1 Pilot)
Max Takeoff Weight	3,600 lb
Max Cruise Speed	175 kts
Max Range	1,000 nm
Power	300 hp

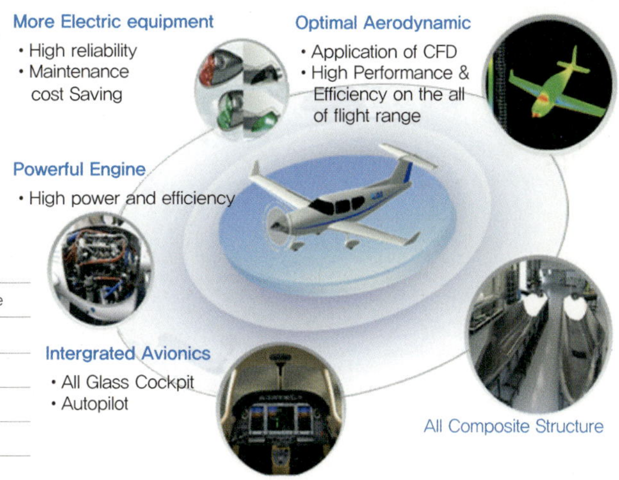

• 그림 5-1 • **성능 목표 및 적용 기술**

통상적으로 개발 요구도 설정에 많은 노력이 요구되고 요구도의 적절성에 대해서는 명확한 기준이 없는 바, 보는 관점에 따라 다른 결과가 도출될 수 있고 이로 인해 지루한 논쟁이 일어나는 경우가 많으나, 본 과제의 경우 사전 기획 연구를 통해 항공기의 사양과 목표 시장이 어느 정도 구체화되어 있어 그러한 논쟁은 피할 수 있었다. 그러나 인증을 획득하겠다고 개발하는 항공기의 궁극적인 목적은 시장에서 잘 팔릴 수 있는 항공기를 개발하는 것이나, KC-100 개발은 인증용 소형 항공기 개발에 중점을 둔 결과 이 부분이 부차적으로 고려되어 아쉬움으로 남는다.

요구도 검토 결과를 기본으로 계통 요구 일람표와 항공 전자 요구 일람표를 구체화하였고, 이를 기본으로 개략적인 내부 설계가 이루어졌다. 또한 시장 조사를 통해 경쟁 기종에 대한 장 · 단점 검토가 수행되었으며, 이 결과를 설계에 반영하였다. 경쟁 기종으로 미국 Cirrus사의 SR-22 기종과 Cessna사의 350,400 모델과 오스트리아 Diamond사의 DA-50에 대한 분석이 이루어졌다.

또한 항공기 기본 형상에 중요한 영향을 미치는 설계 변수에 대해 분석이 수행되었다. 주익의 위치는 기동성, 조종사 시야 등을 고려하여 저익(Low Wing)을 채택하였으며, 꼬리날개의 위치는 T-Tail 대신 구조가 비교적 단순하며 강도 및 중량 측면에서 유리한 전통적인 미익(Conventional Tail)을 채택하였다. 프로펠러 위치는 전통적인 방식인 견인식(Tractor Type)을 채택하였고, 착륙 장치는 구조가 단순하고 개발 위험이 적을 것으로 예측되는 고정식 전륜 배치를 선택하였다.

엔진은 Lycoming사와 Teledyne사 모델과의 비교 검토를 통해 개념 설계를 위한 첫 엔진으로 310마력인 Teledyne사의 IOF-550N 엔진을 채택하였다. 초기에는 Teledyne사의 IO-550N으로 검토하였으나 FADEC 장착 시 엔진 작동 모드에 따라 연료 분사기(Fuel Injector)가

L × H × S	26.1 × 8.8 × 37.1 (ft)
Wing Area	144.7 (ft^2)
Wing A/R	9.5
Taper Ratio	0.54
Wing Airfoil	Root : NACA 23018 TiP : NACA 23015
HT / VT Airfoil	NACA 0012
Incidence angle	1 deg
Dihedral angle	5 deg
Wing twist angle	-3 deg
Landing Gear	Fixed type
Engine	Teledyne IOF-550N (310 hp)
MTOW	3,600 lbs

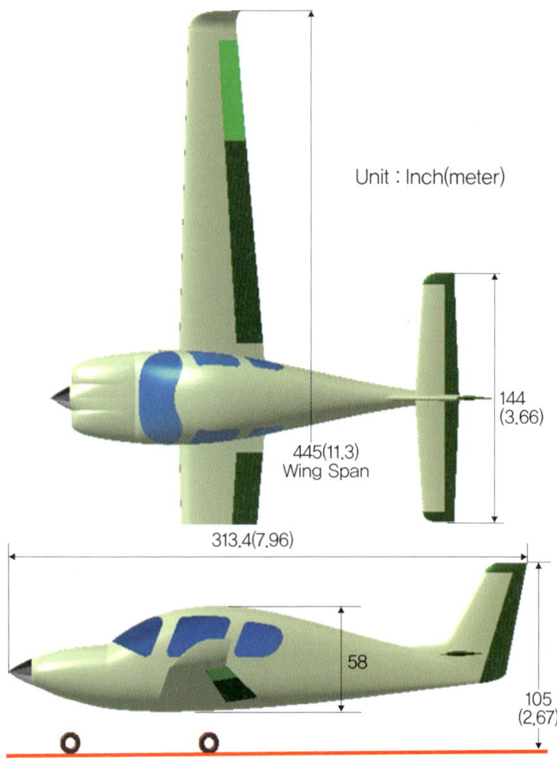

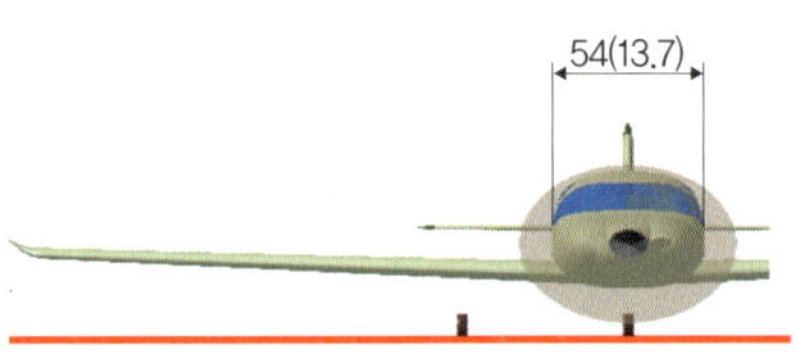

• 그림 5-2 • P-100 제원 및 형상

최적 상태로 작동함으로써 연료 효율이 높고, 연료 혼합기 조절 레버(Fuel Mixture Lever)가 필요 없어 조종사의 업무 부하를 경감할 수 있고, 엔진 정비성, 신뢰성에 장점이 많아 FADEC가 장착된 IOF-550N을 최종적으로 선택하였다. 이 엔진은 SR-22 등 동급 항공기에 많이 사용되는 엔진으로 신규 개발에 따른 위험도를 최소화하였다.

기체 구조물은 박스 형태의 배치로 설계를 진행하였으며, 무게 중심(C.G.)과 지상 간격(Ground Clearance)을 고려하여 착륙 장치 배치, 연료량을 고려한 연료탱크의 배치 설계를 진행하였다. 이러한 과정을 통해 처음으로 사이징된 모델이 개발되었으며, 이 형상에 대해 P-100으로 명명하였다. P-100의 형상은 그림 5-2에 제시되어 있다.

항공기 형상 명칭은 P-100을 기본으로 반복 설계가 진행되면서 P-200, P-300식으로 명칭을 붙였다. P-100은 초기 처음으로 사이징된 형상이며, 이후 2번의 반복 설계인 P-200, P-300을 통해 기본 설계 형상인 P-300이 확정되었으며 P-301, P-302의 비교 연구 및 반복 설계를 통해 P-400 형상을 개발하였다. P-400 형상으로 외형 형상을 확정하였으며 이를 기본으로 하여 상세 설계가 진행되었다. KC-100 개발 과정에서 수행된 형상 개발 이력은 그림 5-3에 나타나 있다.

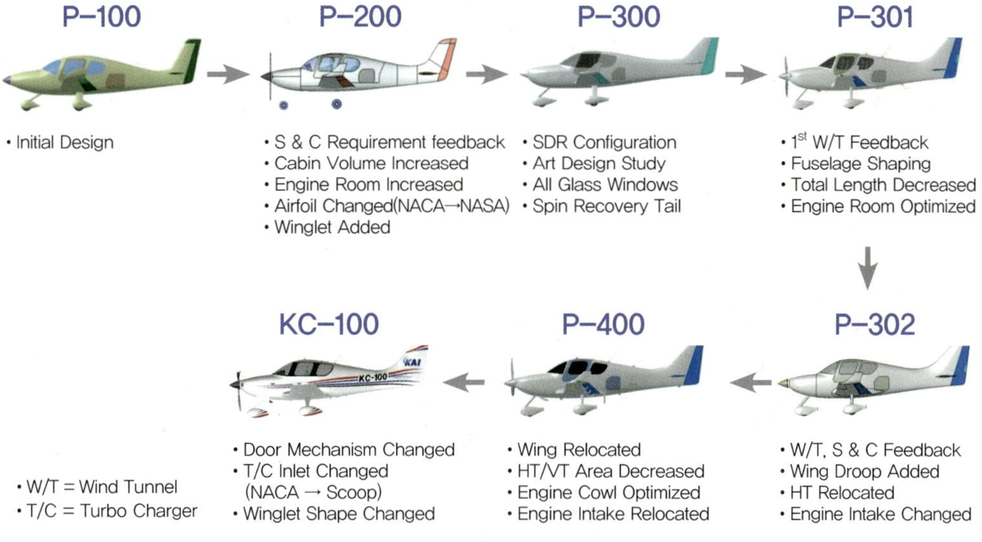

• 그림 5-3 • **형상 변경 이력**

항공기 형상을 확정하기 위해서는 항공기 성능에 대한 예측이 필요하다. 항공기 성능은 최종적으로 비행 시험을 통하여 확정되나 설계 단계에서 이를 알 수 없다. 따라서 설계 초기에는 공력 성능 해석 소프트웨어를 사용하여 예측하고, 형상이 구체화 되면 이를 근거로 실제 풍동 모델을 만들어 풍동 시험을 수행한다. 풍동 시험은 비행 시험을 통하여 성능을 확인하기 전까지는 가장 정확한 성능 예측 방법이다. KC-100 형상 개발에서는 그림 5-4에서 보여 주듯이 전체 3차례에 걸쳐 풍동 시험이 수행되었다. 1차 풍동 시험은 형상 확정을 위한 풍동 시험으로 대전 한국항공우주연구원에서 수행되었고, 그후 설계가 변경되면서 추가 시험이 필요하여 추가 풍동 시험을 수행하였다(1.5차 풍동 시험). 2차 풍동 시험은 성능 해석을 위한 공력 데이터베이스 구축 및 고받음각/스핀 특성 확인 목적으로 수행되었고, 이 시험 자료를 활용함으로써 정확한 조종 안정성 및 비행 성능이 예측되고, 이 자료는 실제 비행 시험 전까지 성능 자료로 활용된다.

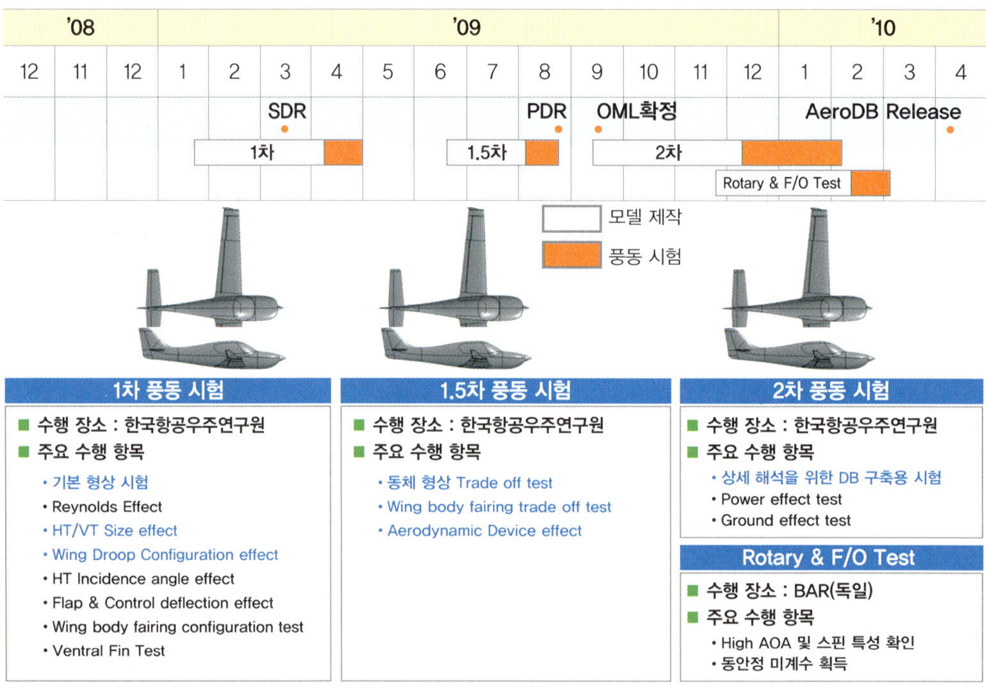

• F/O : Forced Oscillation • AoA : Angel of Attack

• 그림 5-4 • 풍동 시험 수행 현황

03 형상 반복 설계 과정

다음에는 진행된 형상 반복 설계 과정을 구체적으로 보여 주고 있다. 앞의 형상 변경 이력에서 보여 주듯이 형상 개발은 초기 형상인 P-100에서 P-200, P-300 및 최종적으로 P-400에서 외형 형상을 확정하고 상세 설계 단계로 진행되었다. 이 과정에서 수행된 주요 설계 현안에 대하여 살펴보기로 한다. 구체적인 형상 변화는 실제 항공기별로 다르게 진행되는 바 그 상세한 내용은 생략하고 주요 이슈 사항으로 기술하였다.

1 P-200 형상

P-200에서는 각 계통 구성품들의 모델이 선정되고 모델에 대한 정보가 입수되면서 구체적인 형상을 반영하여 배치 설계를 수행하였다. 일반적으로 고객은 항공기 구매 시 항공기 가격, 안전성, 성능, 고객 서비스, 운용 유지비, 고객 편의성 등 여러 가지를 고려한다.

L × H × S	27.2 × 8.9 × 37.2 (ft)
Wing Area	149.7 ft^2 (13.9 m^2)
Wing A/R	9.5
Taper Ratio	0.51
Wing Airfoil	Root : NASA LS(1)0417-MOD TiP : NASA LS(1)0413-MOD
HT / VT Airfoil	NACA 0012
Incidence angle	1 deg
Dihedral angle	5 deg
Wing twist angle	-3 deg
Landing Gear	Fixed type / leaf
Engine	TCM IOF-550N (310 hp)
MTOW	3,600 lbs

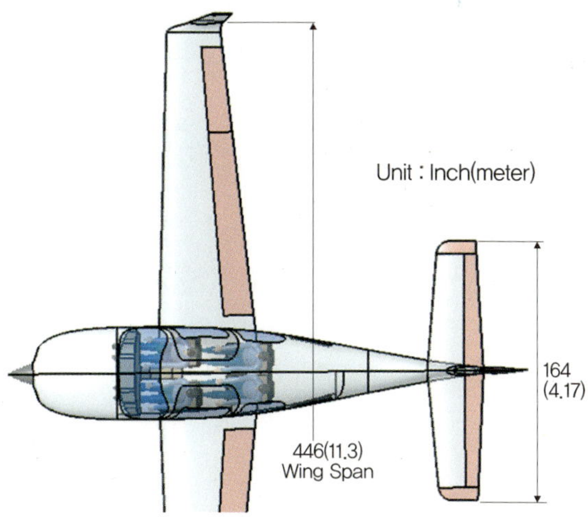

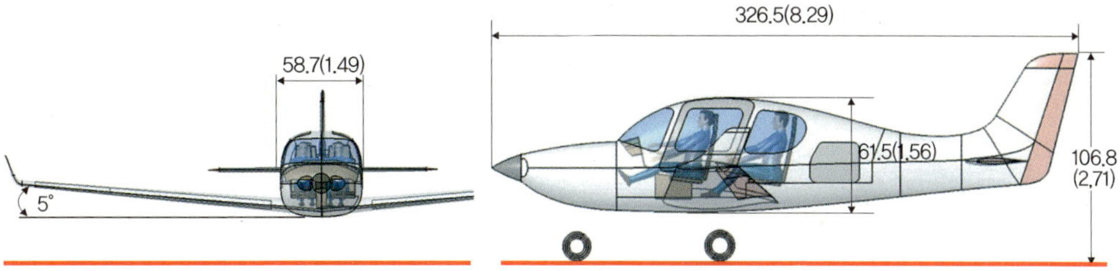

• 그림 5-5 • P-200 제원 및 형상

이스라엘 IAI사와 공동 고객 요구도 조사 결과 향후 고객 편의성이 경쟁력을 확보하기 위한 주요 요소의 하나로 파악되어, 고객 편의성 증대를 위하여 객실 내부 공간을 증가시키고 조종사의 시야각을 개선하는 방향으로 설계를 개선하였다. 꼬리날개는 조종 안정성 해석 결과를 반영하여 P-100 형상 대비 약 20% 크게 설계하였고, 주익은 공력 성능 향상을 위하여 윙렛(Winglet) 형상을 채택하였다. 또한 향후 파생형 개발 시 장착이 예상되는 터보차저(Turbo Charger) 엔진 장착을 고려하여, 전방 동체 길이를 6인치 증가시켰다. 전체적으로 동체의 길이는 P-100에 비해 13.8인치가 늘어났으며, 그림 5-5는 전체 삼면도를 나타내고 있다.

2 P-300 형상

P-300에서는 P-200 해석 결과 및 비교 연구 검토 결과가 반영되었다. 요구도 측면에서 많은 변화가 있었는데, 특히 엔진은 310마력에서 315마력으로 변경되었고, 아울러 터보차저가 장착되었다.

이는 고객 요구도 및 시장성 분석 결과 이 급의 항공기에서 거의 70% 이상이 터보차저를 선호하고, 전자식 엔진 제어 장치 장착 추세를 고려하여 엔진 모델을 기존 Teledyne의 IOF-550N에서 TCM(Teledyne사가 개명된 회사임)사에서 개발 중인 TSIOF-550-K로 선정하였다. 개발 중인 엔진이라 개발 위험성은 있었으나 TCM사(현 CMI사)에서는 이미 터보차저를 장착한 엔진 및 전자식 엔진 제어 장치를 장착한 엔진을 개발한 경험이 있고, 단지 터보차저와 전자식 엔진 제어 장치를 동시에 구현하는 개발의 기술적인 위험도는 미미할 것으로 판단하여 TSIOF-550-K를 채택하였다.

그러나 추후 이에 따라 새로운 엔진 형식 증명 획득에 많은 일정이 소요되었고 이로 인해 전체 개발 일정에 많은 문제점을 발생시켰다. 따라서 신규 항공기 개발 시 가능한 한 이미 인증이 완료된 장비를 사용하는 것이 필요하고 신규 개발품 장착 시 그 개발의 지연 또는 실패에 대한 고려가 수행되어야 할 것이다. 터보차저 엔진을 장착함에 따라 최대 운영 고도는 18,000 ft에서 25,000 ft로 변경되었다. 또한 스핀 회복(Spin Recovery) 요구도 만족을 위하여 수평 및 수직꼬리날개의 크기를 증가시켰으며, 플랩(Flap), 보조익(Aileron), 방향타(Rudder), 승강타(Elevator) 등의 조종면(Control Surface)까지 형상을 구체화하였다.

또한 수려한 항공기 외형 형상을 구현하기 위한 검토가 진행되었다. 이는 공학적으로 개발된 형상을 훼손함이 없이 외형적으로 좀 더 수려하게 보이기 위해 수행하였던 작업이다. 이를 위해 국내에서는 항공기 외형 디자인 전문 기관이 없어 자동차 디자인 회사와의 협력을 통하여 그림 5-6에서 보듯이 여러 가지 형태의 항공기 형상을 설계하였다. 개발된 항공기 외형 형상에 대하여 사업 참여자를 대상으로 선호도 조사를 실시하였고, 그중 가장 선호도가 높은 안을 최종 외형 형상으로 선정하였다.

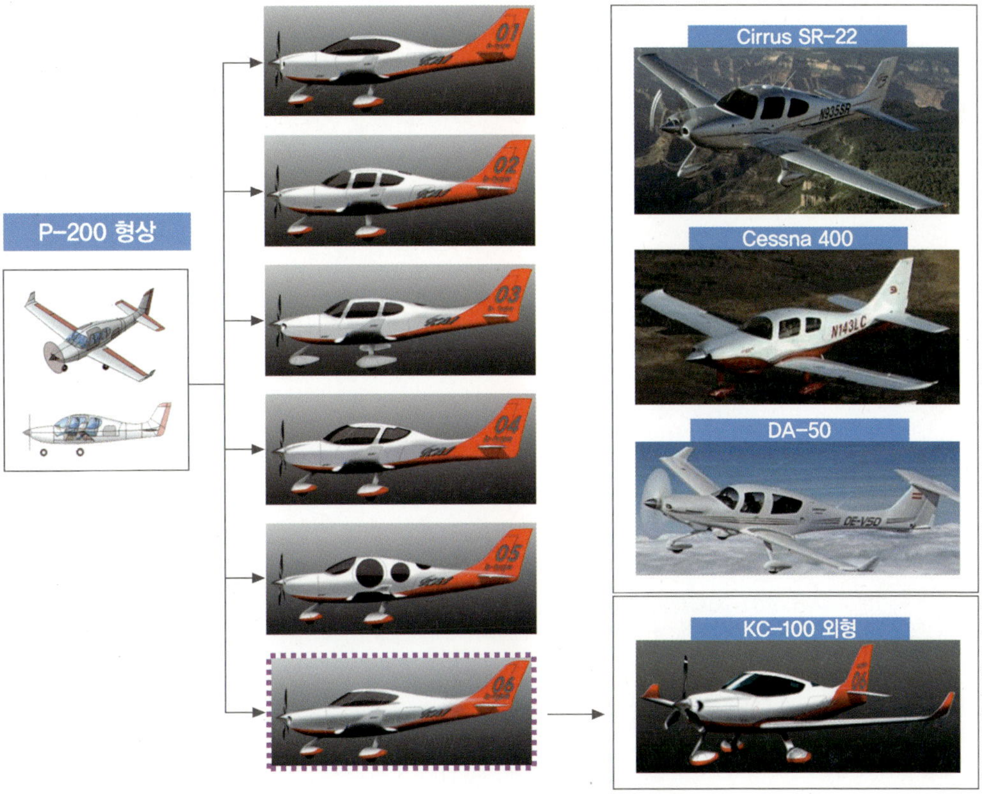

• 그림 5-6 • **미적 감각을 고려한 외형 개발 과정**

최종적으로 선정된 형상을 기본으로 풍동 모델을 제작하여 1차 풍동 시험을 실시하여 기본 비행 성능을 예측하였고, 이 형상을 기준으로 2009년 3월 체계 설계 검토 회의(SDR)를 수행하였다. 전체 3면도는 그림 5-7에 나타나 있다.

3 P-301 형상

풍동 시험 결과 주익 동체 페어링(Wing Body Fairing)에서 유동 박리(Flow Separation)가 일찍 발생하여 공력 성능이 저하하는 현상이 발견되어 주익 동체 페어링의 반지름을 크게 변경하였고, 또한 주익 연결부의 동체를 직선화하였다. 한편 체계 설계 검토 회의 검토 결과 유사 기종 대비 동체 길이가 길어 기존 격납고에 주기 시 불편을 초래할 수 있어 동급과 유사한 8.1 m로 축소하였다. 또한 엔진의 상세 모델을 확보하여 엔진 룸의 길이와 폭을 엔진에 맞게 조정하였다. 엔진은 프로펠러 회전 모멘트를 상쇄하기 위하여 동체축을 기준으로 프로펠러 축을 아래쪽 2도, 오른쪽 2도 기울여 장착하였다.

L × H × S	8.59 × 2.87 × 11.37 (m)
Wing Area	13.89 m² (149.5 ft²)
Wing A/R	9.13
Taper Ratio	0.51
Wing Airfoil	Root : NASA LS(1)0417-MOD TiP : NASA LS(1)0413-MOD
HT / VT Airfoil	NACA 0012
Incidence angle	1 deg
Dihedral angle	5 deg
Wingt wist angle	-3 deg
Landing Gear	Fixed type / leaf
Engine	TS IOF-550-K (315 hp)
MTOW	1,633 kg (3,600 lbs)

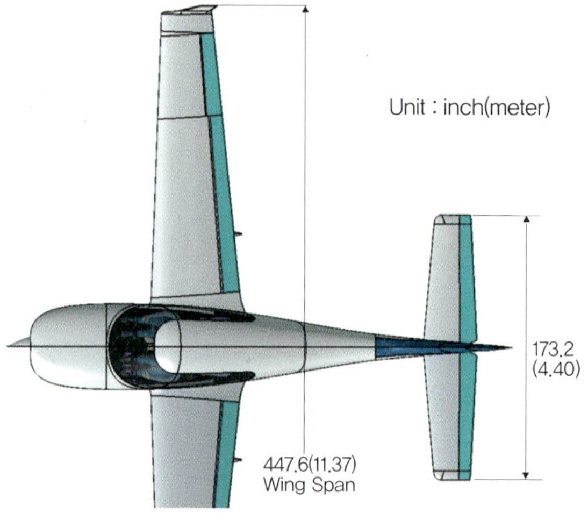

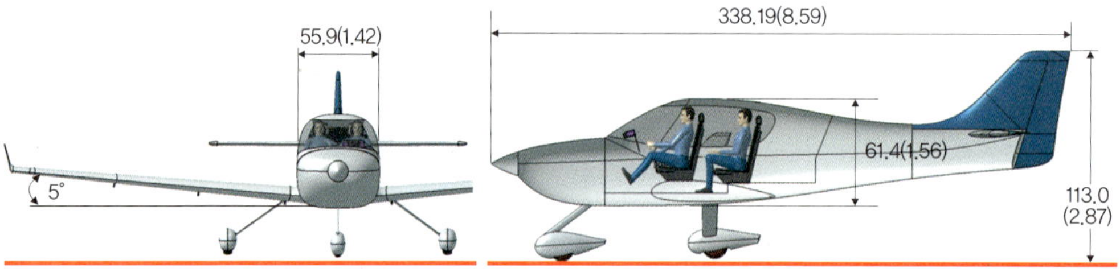

· 그림 5-7 · **P-300 제원 및 형상**

4 P-302 형상

이 형상에서는 P-301 형상의 조종 안정성 해석 결과를 반영하여 수평꼬리날개의 위치를 아래로 7인치 이동시켰고, 터보차저가 장착된 엔진으로 바뀜에 따라 별도로 엔진 냉각용 흡입구가 필요하여 NACA 흡입구를 추가하였다. 풍동 시험 결과를 반영하여 날개드룹(Wing Droop)을 기본으로 채용하였고, 또한 트림탭(Trim Tab) 형상을 구체화하였다. 이 형상으로 기본 설계 검토 회의를 수행하였으며, P-302의 형상은 그림 5-8에 제시되어 있다.

5 P-400 형상 및 최종 형상

P-400 형상은 1차 풍동 시험 결과를 반영한 형상으로 외형을 확정(OML Freezing) 하였다. 조종 안정성 해석 결과에 따라 조종성(Handling Quality)을 개선하기 위해 주익을 51 mm 전방으로 이동하였고, 꼬리날개의 크기를 약 10% 축소하였으며, 이에 따라 동체 길이도 8.1 m에서 8.0 m로 축소되었다. 주익은 실속 성능 개선을 위하여 동체 연결부 날개 앞전 페어링(Leading Edge Slope Fairing)을 추가하였다. 엔진 냉각을 고려한 엔진 냉각 격막(Engine Baffle)

L × H × S	8.05 × 2.81 × 11.38 (m)
Wing Area	13.97 m^2 (150.4 ft^2)
Wing A/R	9.32
Taper Ratio	0.51
Wing Airfoil	Root : NASA LS(1)0417-MOD TiP : NASA LS(1)0413-MOD
HT / VT Airfoil	NACA 0012
Incidence angle	1 deg
Dihedral angle	5 deg
Wing twist angle	-3 deg
Landing Gear	Fixed type / leaf
Engine	TSIOF-550-K (315 hp)
MTOW	1,633 kg (3,600 lbs)

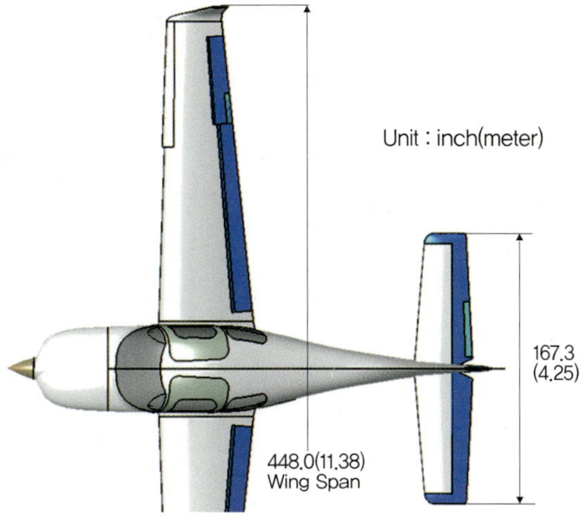

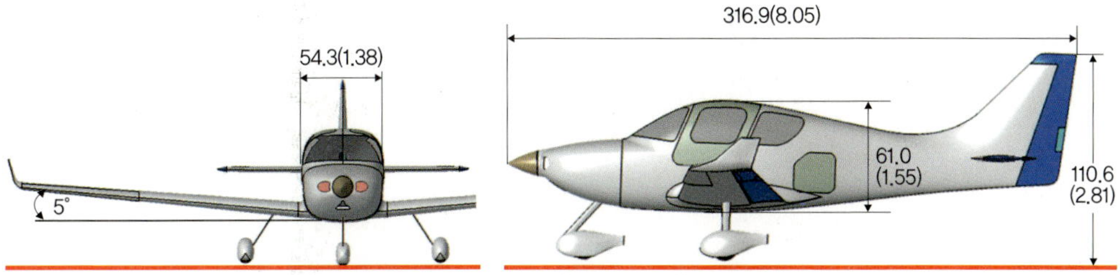

• 그림 5-8 • **P-302 제원 및 형상**

설계를 진행하였고, 엔진 냉각 공기 순환(Engine Cooling Air Circulation) 개선을 위하여 카울(Cowl)을 크게 하였으며, 엔진 냉각 공기 흡입구(Engine Cooling Air Inlet)를 동체 바깥 위치 방향으로 이동하였다.

이와 별도로 엔진 냉각 성능 향상을 위해 엔진 터보차저 공기 흡입구 형상을 NACA 형상에서 돌출 형상(Scoop)으로 변경하였다. 연료 시스템 분석 결과에 따라 연료 집적 탱크(Collector Tank)의 위치를 주익 전방에서 후방으로 변경하였다.

이를 반영하여 P-400으로 외형을 확정하고 상세 설계 중 윙렛(Winglet) 형상 변경 필요성이 제기되어 이를 반영한 외형 형상을 완료하였다.

최종적으로 확정된 KC-100의 형상은 그림 5-9에 나타나 있다. 구체적으로 살펴보면 길이 8 m, 폭 11.3 m, 높이 2.7 m로 동급 항공기와 유사한 크기로서 기존 기타 범용기에서 사용된 격납고 등을 활용할 수 있게 설계되었다. 최대 이륙 중량은 3,600 lb이고 최대 지상 중량은 3,612 lb로 설계되어 있다.

엔진은 315마력으로 터보차저가 장착되어 있어 높은 고도에서도 고성능을 낼 수 있으며, 전자식 엔진 제어 장치가 장착되어 항상 최적의 효율로 조종사의 업무 부하를 최소화할 수 있다. 날개는 저속에서 공력 효율이 좋은 NASA LS(1)0417-MOD를 익근(Wing Root)에, NASA LS(1)0413-MOD를 날개 끝단에 적용하였다. 수평 및 수직꼬리날개는 좌우상하가 대칭인 NACA 0012 익형을 선정하였다.

L × H × S	8.03 × 2.74 × 11.29 (m)
Wing Area	13.96 m^2 (150.3 ft^2)
Wing A/R	9.31
Taper Ratio	0.51
Wing Airfoil	Root : NASA LS(1)0417-MOD TiP : NASA LS(1)0413-MOD
HT / VT Airfoil	NACA 0012
Incidence angle	1 deg
Dihedral angle	5 deg
Wing twist angle	-3 deg
Landing Gear	Fixed type / leaf
Engine	TSIOF-550-K (315 hp)
MTOW	1,633 kg (3,600 lbs)

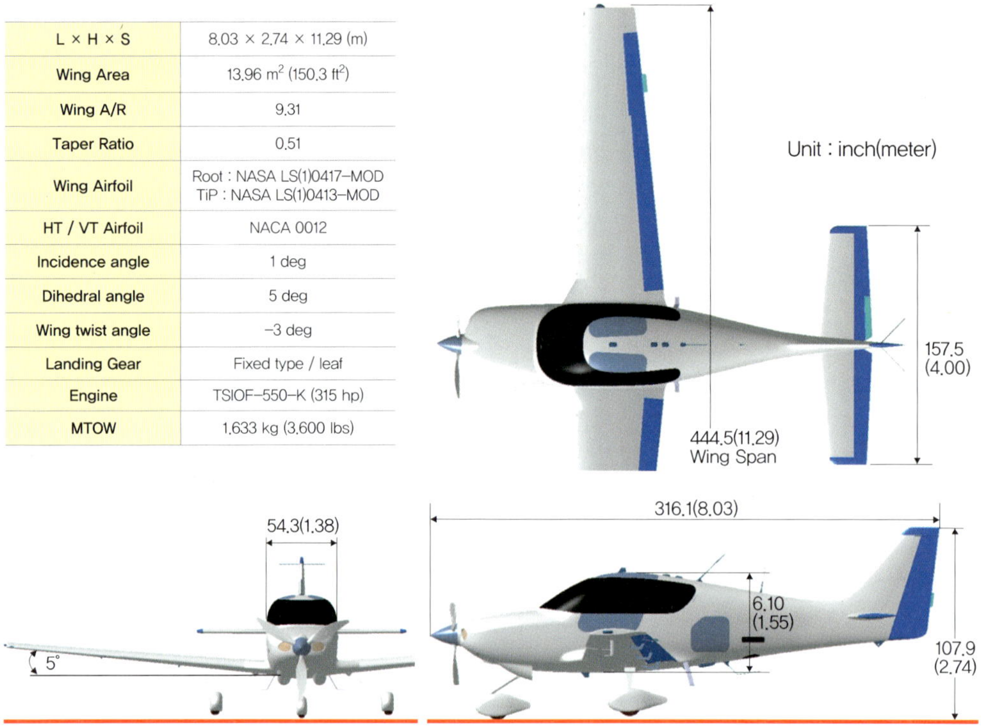

• 그림 5-9 • KC-100 최종 형상

04 상세 설계 중 설계 변경 사항

외형 형상 확정 후 외형이 바뀌지 않아야 하나 상세 설계가 진행되면서 예측하지 못한 설계나 제작상의 어려움 때문에 그림 5-10과 같이 형상을 변경하였다. 그중 하나가 윙렛(Winglet)인데 이는 유도 항력을 줄이는 효과가 있으나 기대치만큼 효과가 크지 않은 반면, 제작이 어렵고 중량이 증가하며, 특히 윙렛 제작 공정 인증에 많은 시간이 소요되어 윙렛 형상을 제작이 용이하고 단순한 형상으로 수정하였다. 다행히 이전 풍동 시험에서 윙렛이 있는 형상과 없는 형상으로 시험한 결과가 있었고, 타 부분 설계에 미치는 영향이 미미하였다.

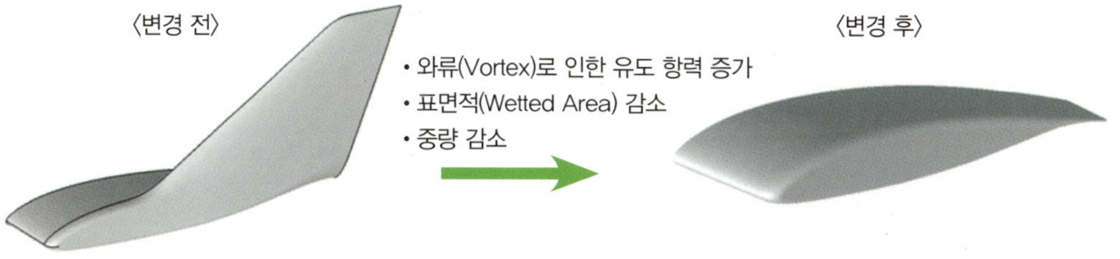

• 그림 5-10 • **윙렛 형상 변경**

또한 도어 개폐 방식이 기존의 전방 방식(Side Open)에서 상방 방식(Open Up)으로 그림 5-11과 같이 변경되었다. 전방 개폐 방식은 기 개발된 항공기에 대부분 적용되는 방식이나 최근 Cessna 350/400 및 DA-50에서 탑승 편의성 및 디자인을 고려하여 상방 개폐 방식을 적용하였다. KC-100의 상세 설계 과정 중, 도어 개폐 메커니즘 설계 과정에서 도어 상부 힌지(Hinge) 부분의 곡률이 커서 힌지 폭(Hinge Arm)이 길어지고 도어 주변 틈새가 벌어지는 문제점이 있어, 힌지 위치를 도어 위쪽으로 옮겨 전방 개폐 방식에서 상방 개폐 방식으로 변경되었다. 두 가지 방식 모두 장단점이 있다. 전방 개폐 방식은 비행 중 항상 도어가 닫히는 방향으로 힘을 받으나, 상방 개폐 방식은 반대로 도어가 열리는 방향으로 힘이 작용하여 이를 고려하여 도어 메커니즘을 설계해야 한다.

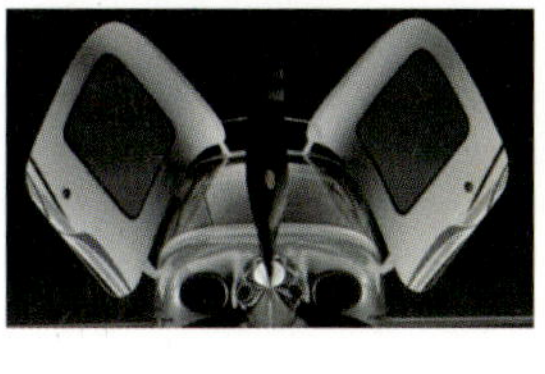
〈전방 개폐〉

〈상방 개폐〉

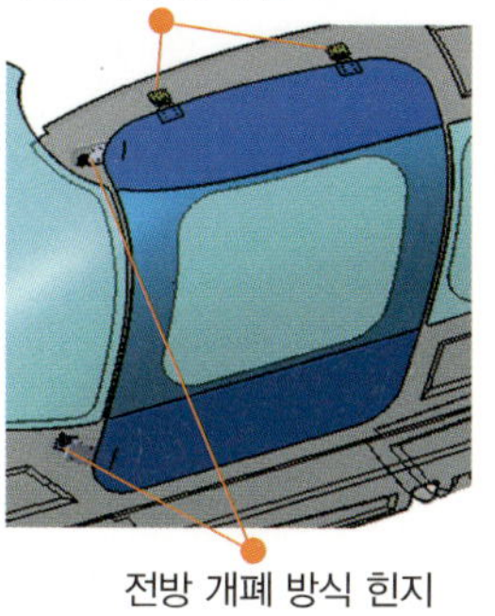

• 그림 5-11 • **도어 개폐 방식 및 형상 변경**

05 지상 및 비행 시험 중 설계 변경 사항

지상 및 비행 시험이 수행되면서 상세 설계 및 시제작에서 예측하지 못했던 여러 분야에서 설계 변경이 이루어졌다. 중요한 몇 가지를 언급해 보면 지상 활주 시 주륜 착륙 장치 브레이크의 온도가 과열되는 경우가 있어 이를 개선하였고, 지상 진동 시험(GVT) 결과를 반영하여 플랩의 질량 균형추(Balance Mass)를 최적화하였다. 또한 전방 동체의 하부 카울이 일체형으로 되어 있어 장탈착이 어려워 2개로 분리하였나. 탑재 가용 연료량은 항공기 성능에 바로 영향을 미치는 항목으로, 이를 위해서는 사용 불가 연료(Unusable Fuel)를 최소화해야 하고 이를 위해 연료의 쏠림 (Sloshing)을 방지 하기 위한 격막을 추가하였다.

특히 중요한 기술적 사항으로 엔진 냉각 성능, 횡안정성(Lateral Stability) 및 실속(Stall) 특성 개선은 다음에 상세히 설명하고 있다.

1 엔진 냉각 성능 개선

비행 시험 초기 단계에서 발생된 최대 문제는 엔진 냉각이었다. 초기에는 고온인 엔진 및 엔진 배기가스에 의한 주변 장비 및 지지 구조물의 보호에 중점이 주어졌다. 지상 시험 및 비행 시험 초기에는 실제 엔진에 의한 구조물 및 장착물에 대한 온도 상승량을 정확하게 파악하기 어려웠다. 초기에는 엔진 지지 구조(Engine Mount Strut)를 보호하기 위해 열차단막(Heat shield)을 장착하였고, 이후 비행 시험 중 실제 온도를 측정하여 불필요한 부분은 제거하고 필요한 부분만 장착하였다.

다음으로 당면한 문제가 항공기 운용 범위 내에서 엔진 실린더 및 엔진 오일 온도가 제한치에 도달하여 엔진의 운영 범위를 제한할 수밖에 없어 냉각 성능의 개선이 급선무로 떠올랐다. 이를 위해 여러 차례에 걸쳐 엔진 냉각 격막(Baffle)의 기밀(Sealing)을 개선하였다.

이러한 노력에도 불구하고 원하는 성능이 나오지 않아 여러 가지 설계 변경이 이루어졌다. 냉각 공기의 기밀을 강화하기 위해 엔진 냉각 격막의 형상을 1,2차에 걸쳐 개선하였고 엔진 냉각 격막과 카울 사이의 기밀을 높이기 위해 고무씰을 추가하였다. 설계 변경에 따라 점진적으로 개선되었으나 원하는 수준까지는 개선되지 않았다. 이 과정에 엔진 오일의 냉각을 개선하기 위해 추가 돌출 형상 공기 흡입구(Oil Cap Scoop)를 장착하기도 하였고, 오일 냉각기용 덕트(Oil Cooler Duct)도 장착해 보았으나 효과가 없었다. 엔진 냉각 성능 개선을 위한 여러 설계 개선 내용은 그림 5-12에 나타나 있다.

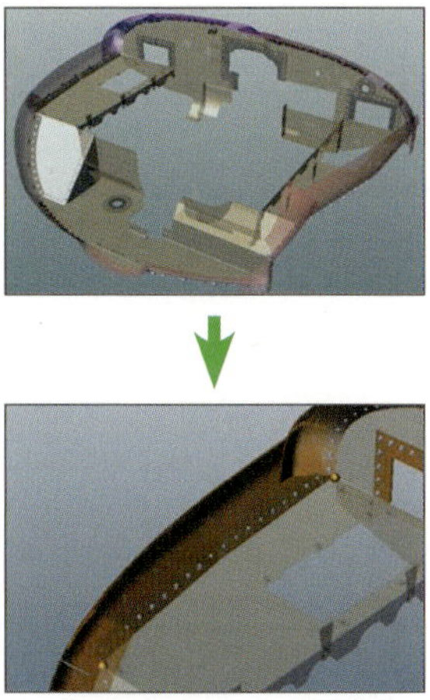

• 엔진 냉각 격막이 상부 카울에 밀착이 잘 되도록 재질 변경 및 씰(Seal)처짐 현상 개선을 위해 사각 와셔(Washer) 추가

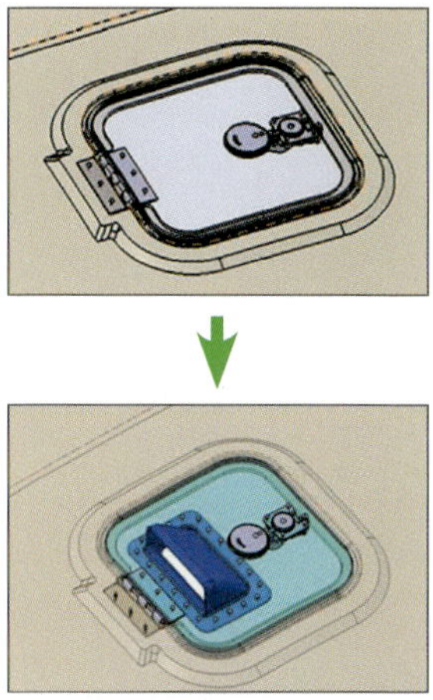

• 추가 돌출 형상 공기 흡입구 장착
• 비행 시험 결과 냉각 효과가 없어 최종 미적용

• 오일 냉각기용 덕트 장착
• 덕트로 인한 냉각 효과보다 오일 냉각기로의 공기 흐름을 방해하는 역효과가 더 큰 것으로 판단되어 미적용

• 그림 5-12 • **엔진 냉각 성능 개선 설계 검토 내용**

이후 냉각 공기의 배출을 원활하게 하기 위해 카울 하부 좌 · 우측에 그림 5-13과 같은 루버(Louver) 형상이 추가되었고, 루버 빗살(Louver Lip) 방향은 공력 성능 영향을 줄이기 위하여 동체 내부를 향하도록 설계하였다.

이를 통해 냉각 공기의 배출이 원활하게 이루어져 원하는 정도로 냉각 성능이 개선되었다.

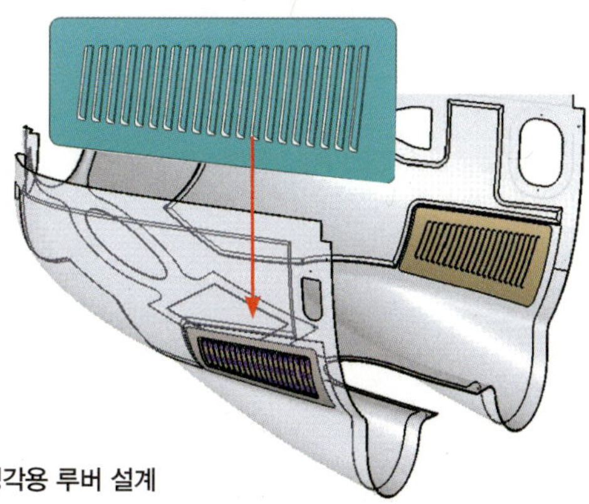

• 그림 5-13 • **냉각용 루버 설계**

2 횡안정성(Lateral Stability) 개선

인증 비행 시험 중 이착륙 형상에서 횡안정성이 부족하다고 지적되었다. 통상 횡안정성 확인을 위해 수행하는 SHSS(Steady Heading Sideslip) 시험 결과, 이착륙 시 특정 조건에서 날개 위치가 원복되는 경향(Wing Pickup Tendency)이 부족하여 기술 기준에 미흡한 것으로 인증 당국이 판단한 것이다.

이 부분은 "통상의 조종사가 특별한 기술 없이 회복이 가능하여야 한다"가 개선 요청 사항이었다. 이의 원인으로는 여러 가지가 복합적으로 연관되어 있는데, 먼저 항공기가 기울어졌을 때 조종간이 자중에 의해 항공기 복원력을 방해하는 방향으로 작용하는 바 조종간을 경량화하는 설계 변경을 하였고, 추가로 방해하는 힘을 최소화하기 위해 센터링 스프링(Centering Spring)을 장착하여 횡안정성 개선을 시도하였다. 이후 저속 트림 상태에서 항공기 성능에 영향을 줄 수 있는 보조익 트림탭(Aileron Trim Tab)의 운동 범위 및 크기를 변경하였다. 그러나 이를 통해서도 만족할 만한 성능 개선이 이루어지지는 않았다. 가장 확실한 방법은 날개의 상반각(Dihedral Angle)을 키우는 것이나 개발이 마무리되는 시점에서는 현실적으로 불가능한 방안이었다. 대안을 검토하던 중 상반각 효과와 유사한 공력 특징을 보여 주는 보조익 펜스(Fence)를 장착하여 성능을 개선하는 방안이 검토되었다. 보조익에 부착한 펜스의 위치와 크기를 바꾸어 가면서 여러 차례 비행 시험을 수행하였으나 여전히 미흡하였다. 그림 5-14는 시험에 사용된 보조익 펜스의 한 예를 보여 주고 있다.

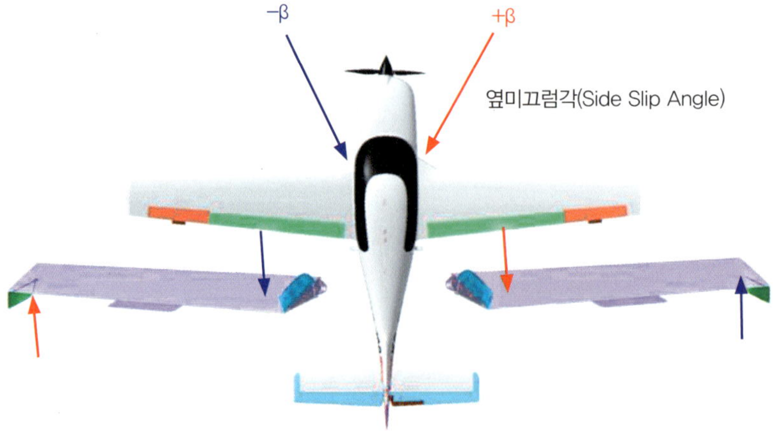

• 그림 5-14 • **보조익 펜스 형상**

이 후 해결책을 모색하던 중 이 문제는 이 급의 항공기에 통상 일어날 수 있는 기술적인 문제이고, 이를 해결하기 위해서는 보조익-방향타 연동 장치(ARI, Aileron Rudder Interconnection)가 가장 효율적인 방법으로 떠올랐다.

이 개념은 그림 5-15에서 보여 주듯이 방향타와 보조익 조종 계통을 약한 스프링 장치로 연동시켜 조종사의 조종력에 큰 영향을 미치지 않으면서도 횡안정성을 궁극적으로 개선할 수 있는 안으로 평가되었으나, 초기에는 시제기 구현상의 애로로 인해 검토 대상에서 후순위로 평가하였다. 마땅한 대안이 없어 다시 한 번 재검토한 결과 다행히 시제기상에서 보조익-방향타 연동 장치를 장착하는 데 큰 문제가 없어 이를 항공기에 적용하였고, 기 수행한 보조익 펜스 개념 및 센터링 스프링은 전부 제거하였다. 그 후 비행 시험 결과는 만족스럽게 기술 기준을 충족하였다.

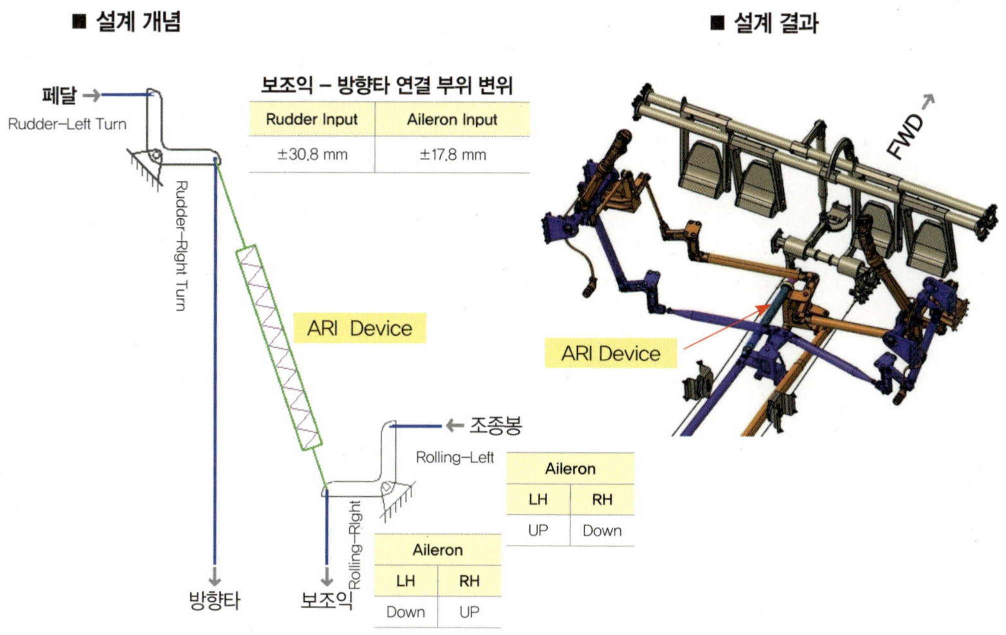

• 그림 5-15 • **보조익 – 방향타 연동 장치**

3 실속 특성 개선

적합성 입증 비행 시험에서 실속 특성은 만족하는 것으로 판단하고 인증 비행 시험을 시작하였는데, 특정 비행 시험 형상인 착륙 형상 플랩에서 엔진 출력 공회전(idle) 상태일 때 인증 당국은 수평 상태 실속(Wing Level Stall) 요구도를 불만족하는 것으로 판단하였다. 기술 기준에서는 수평 상태 실속에서 회복 조작 중 뱅크(Bank)각이 15도 이내에서 회복되어야 한다고 요구하여 설계 개선에 착수하였다. 이 시점에서 외형 형상을 변경하는 설계 개선은 개발 일정에 치명적인 영향을 미치고, 개발 사업의 승패를 좌우할 만큼 중요한 현안으로 대두되었다. 이미 횡안정성 개선을 위해 적용된 설계 개선을 적용하여도 별다른 효과가 없어 마지막으로 실속 스트립(Stall Strip)을 부착하는 방안을 검토하였다.

실속 스트립의 효과를 극대화하기 위해 통상 날개의 바깥 방향으로 부착해야 하나 그럴 경우 제빙 패널에 영향을 미쳐 제빙 계통의 재설계가 필요할 수 있는 상황이 되었다. 일단 제빙 판넬이 없는 동체와 날개 연결부인 날개 안쪽에서 스트립을 장착하여 시험을 해 보니 예상보다 효과가 좋았다. 최적의 실속 스트립 위치를 찾기 위해 여러 차례의 비행 시험을 하였고, 좀 더 나은 위치를 찾기 위해 실속 시 날개 윗면을 통과하는 공기 흐름을 보기 위한 실(Tuft)을 부착하여 카메라로 촬영하여 분석하였다. 이러한 노력과 수차례의 비행 시험 후에 찾아낸 최적의 위치는 그림 5-16과 같이 우측에 스트립을 부착한 형상이고, 최종 비행 시험 결과 만족스럽게 기술 기준을 충족하였다.

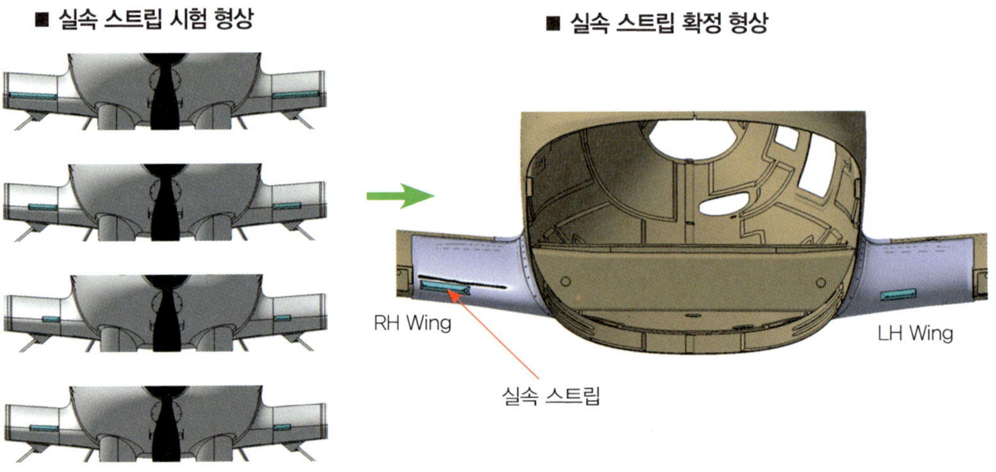

• 그림 5-16 • **실속 스트립 형상 예**

06 | 개발 과정에서 얻은 교훈

다음은 KC-100 개발 과정을 통해 얻은 교훈에 대하여 간략히 서술한 것이다. 실제 개발 과정으로 얻은 교훈은 훨씬 많으나 KC-100의 특수한 경우도 있고, 설계자에 따라 의견이 다를 수 있는 내용도 있어 향후 민항기 설계 시 보편적으로 고려되어야 할 내용만 기술하였다.

① 유사 기종 사례를 잘 살펴보고, 아무리 사소한 점이라도 놓치지 말고 확인해야 한다. 특별히 바꿀 이유가 없을 때에는 그대로 하는 것이 좋다. 유사 기종이 그렇게 설계했을 때에는 반드시 이유가 있다. 기존에 개발된 항공기는 단순 유사 기종이 아니라 이제까지 항공 분야에 축적된 100여 년의 기술 노하우가 축적된 결정체이다.

② 민간 항공기는 개발로 끝나는 것이 아니라 항공기 수명 주기 동안 계속 사용해도 불편함이 없도록 설계되어야 한다. 단순히 인증을 받았다고 끝나는 것이 아니고 고객이 만족하는 항공기가 되어야 한다. 가까스로 시험만 통과하는 수준으로 설계하지는 말아야 한다.

③ 신기술 적용이나 개발 중인 엔진 및 장비를 개발 항공기에 적용할 때, 이에 따른 장·단점에 대해서 철저한 분석이 필요하다. 단순히 공급 업체가 제공하는 정보를 그대로 믿을 것이 아니라 반드시 확인해야 한다.

④ 개발 요구도 수립과 결정 시에는 판매 전략과 연계하여 개발 및 판매를 최종 책임지는 결정권자가 결정하도록 해야 한다. 판매 전략과 연계되지 않은 개발 요구도는 설계가 완료된 후 판매 부서와 갈등을 유발시킬 수 있음을 명심해야 한다.

⑤ 복합재가 만능이 아니라는 것을 유념해야 한다. 복합재 구조물의 경우 무게가 가벼워 항공기 재료로 사용되는 경우가 많으나, 대부분 주 구조물이 아닌 조종면이나 페이링 등 2차 구조물에 사용되고 주 구조물에 복합재가 사용된 경우는 아직 드물다. 복합재로 설계할 경우 금속재와 달리 재료의 물성치가 환경과 제조 방법에 따라 달라 많은 시험과 개발 일정이 필요하여 사용에 제약이 많다. 따라서 전기체 복합재를 항공기 주 구조물에 사용할 경우 사전에 충분한 검토가 필요하다.

⑥ 복합재 구조물로 항공기를 개발할 경우, 민항기 개발을 위한 재료 허용치·설계 기준치 확보 시험은 항공기 형식 증명 신청 이전이라도 시편 시험 계획 단계에서부터 인증 당국이 참여할 수 있도록 계획해야 한다. 항공기 적용을 위한 재료 허용치·설계 기준치에 대한 신뢰성 있는 데이터베이스를 확보하기 위해서는 충분한 시험 데이터가 필요하다.

⑦ 복합재 구조물의 경우 계산 대비 실측 중량이 증가하는 경향이 있으므로 복합재 구조물 단품 중량 계산 시 추가 중량 반영이 필요하고, 조립 단계에서는 접착제(Adhesive) 중량에 의한 증가가 발생하므로 이를 충분히 반영하여 목표 중량을 설정하여 관리해야 한다. 향후의 중량 증가로 인해 유용 하중이 줄어들 가능성에 대비하여 최대 이륙 중량에 여유를 두고 설계를 진행해야 한다.

⑧ 카울과 같이 빈번하게 장 · 탈착이 이루어지는 파트의 경우에는 장 · 탈착에 용이한 패스너(Fastener)를 선정하고 이를 설계에 반영해야 한다. 구성품 중 내부에 고장 발생 빈도수가 높은 부품을 포함하고 있을 경우, 해당 부품에 대한 교체 장착이 용이하도록 설계되어야 한다.

⑨ 도어 설계 시 도어 및 동체 변형이 도어 잠금 장치 설계에 줄 수 있는 영향성을 평가하고 이를 도어 메커니즘 설계에 반영해야 한다.

⑩ 기본 설계 검토(PDR)는 도면을 만드는 작업을 제외한 모든 설계가 끝난 시점에서 이루어져야 하고, 따라서 항공기 개발 단계에서 가장 중요한 단계이므로 개발 기간을 충분히 가져야 한다. 대부분의 설계 오류는 PDR 이전에 충분한 검토가 이루어지지 않은 부분에서 일어난다.

부록

01 | 개발 연혁

02 | 주요 개발 이벤트 (행사)

01 개발 연혁

년 도	내 용
2008년	• 소형 항공기급 인증기 개발 착수 (6월 13일) • KAI-IAI 공동 형상 개발 (7~8월)
2009년	• 체계 설계 검토 회의(SDR) (3월 31일) • 1차 저속 풍동 시험 (4월 13~30일) • 추가 풍동 시험 (8월 17~21일) • 기본 설계 검토 회의(PDR) (9월 2일) • 국내 형식 증명 신청 (9월 31일) • 국내 제작 증명 신청 (9월 31일) • 서울 국제 에어쇼 참가 (10월 19~25일) • 미국연방항공청(FAA) 형식 증명 신청 (12월 30일) • 2차 풍동 시험 (12월 15일~2010년 2월)
2010년	• 로터리 밸런스 시험 (1월) • KC-100 엔진 형식 증명 획득 (3월) • 특정 과제 인증 계획서(PSCP) 합의 서명 (4월 13일) • 상세 설계 검토 회의(CDR) (6월 3일) • 복합재 라미네이트 시편 시험 (6월) • 국토 해양 기술 대전 참가 (6월 30일~7월 2일) • 오시코시 국제 에어쇼 참가 (7월) • FAA 기술 평가 (7월 8~16일) • 엔진 형식 증명 승인(TCV) 획득 (8월 17일) • 복합재 엘리먼트 시험 착수 (8월) • 비행 시제 1호기 제작 착수 (10월) • 민항기 비행 시험 센터 개소식 (10월 17일)
2011년	• KC-100 출고 기념 행사 (2월 11일) • 비행 시제 1호기 제작 완료 (2월 16일) • 전기체 정적 시제기 제작 완료 (2월) • 비행 시제 1호기 지상 시험 착수 (2월 19일) • 지상 진동 시험(GVT) 완료 (3월 18일) • 초도 비행 준비 검토 회의(FFRR) (4월 28~29일) • 전기체 정적 시험 착수 (4월 11일) • 구성품 3종(주익, 엔진 지지 구조, 미익 체결부) 정적 시험 완료 (5월 4일) • 비행 시제 2호기 제작 완료 (6월 1일) • 비행 시제 2호기 지상 시험 착수 (6월 17일) • 비행 시제 1호기 시험 비행 등의 허가서(EAC) 획득 (6월 13일) • 전기체 피로 시제기 제작 완료 (6월)

2011년	• 비행 시제 1호기 지상 시험 완료 (6월 12일) • 비행 시제 1호기 초도 비행 (6월 15일) • 신청자 개발 비행 시험 착수 (6월 15일) • 복합재 엘리먼트 시험 종료 (7월) • 비행 시제 1호기 초도 비행 행사 (7월 20일) • 비행 하중 보정 시험(ACT) 완료 (8월 2일) • 비행 시제 2호기 시험 비행 등의 허가서(EAC) 획득 (8월 25일) • 비행 시제 2호기 초도 비행 (9월 19일) • 전기체 정적 시험 완료 (10월 11일) • 서울 국제 에어쇼 참가 및 전시 (10월 18일) • 구성품 2종(엔진 지지 구조, 미익 체결부) 피로 시험 완료 (10월 26일) • 전기체 비상 탈출 데모 완료 (11월 17일) • 전기체 피로 시험 착수 (12월 19일)
2012년	• 전기체 피로 2배수 시험 착수 (5월 11일) • 고강도 전자기장(HIRF) 시험 완료 (5월 31일) • 적합성 입증 비행 시험 완료 (7월 18일) • 비행 전 형식증명위원회(Pre Flight TCBM) (8월 6~9일) • 형식 검사 승인서(TIA) 획득 (8월 9일) • 전기체 피로 2배수 시험 완료 (8월 9일) • 인증 비행 시험 착수 (8월 25일) • 미국연방항공청 인증 비행 시험 기술 평가 (10월 17일~11월 19일) • 전자식 엔진 제어 계통 고강도 전자기장 시험 완료 (10월 30~31일) • 전기체 피로 계속 감항성 시험 완료 (12월 28일)
2013년	• 전기체 피로 수리 방안 시험 완료 (2월) • 적합성 점검표 확정 (2월 15일) • 인증 비행 시험 완료 (3월 20일) • 최종형식증명위원회(Final TCBM) (3월 28일) • 국내 형식 증명 획득 (3월 28일)

02 | 주요 개발 이벤트 (행사)

체계 설계 검토 회의(SDR) (2009.03)

기본 설계 검토 회의(PDR) (2009.09)

상세 설계 검토 회의(CDR) (2010.06)

FAA 기술 평가 (2010.07)

비행 시제 1호기 조립 착수 (2010.10)

KC-100 출고 기념 행사(Roll Out) (2011.02)

지상 시험 착수(지상 진동 시험) (2011.02)

초도 비행 준비 검토 회의(FFRR) (2011.04)

구성품 구조 정적 시험 완료 (2011.05)

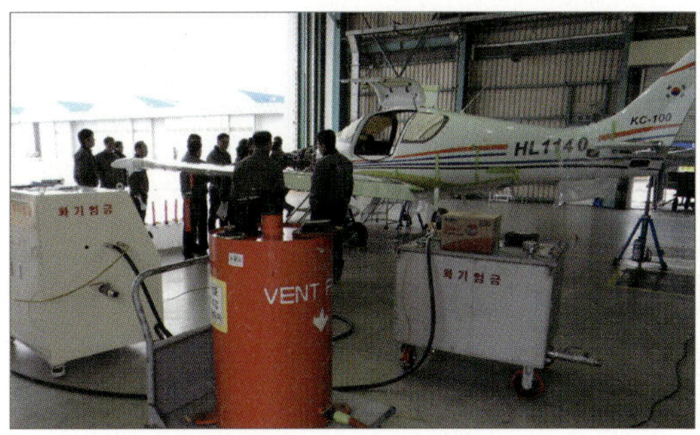

비행 시제 1호기 지상 시험 완료 (2011.06)

비행 시제 1호기 초도 비행 (2011.06.15)

초도 비행 행사 (2011.07.20)

비행 시제 2호기 지상 시험 완료 (2011.08)

전기체 정적 시험 완료 (2011.10)

신청자 비행 시험 완료 (2012.06)

비행 전 형식증명위원회 (2012.08)

인증 비행 시험 착수 (2012.08)

FAA 인증 비행 시험 기술 평가 (2012.10)

인증 비행 시험 종료 (2013.03)

최종형식증명위원회 (2013.03)

형식 증명 획득 (2013.03)

[별지 제16호서식]

대 한 민 국 국토교통부 The Republic of Korea Ministry of Land, Infrastructure and Transport	증명서 번호 Certificate No.: TCA201301

형식증명서

Type Certificate

1. 분류(Classification)	비행기(Airplane)
2. 형식 또는 모델(Type or Model)	KC-100
3. 설계자의 성명 또는 명칭 (Name of Designer)	한국항공우주산업(주) (Korea Aerospace Industries, Ltd)
4. 설계자 주소(Address of Designer)	경남 사천시 사남면 공단1로 78 (78, Gongdan 1-Ro, Sanam-Myun, Sacheon-City, Gyeongnam, Korea)
5. 감항분류(Airworthiness Category)	보통(Normal)
6. 형식증명자료집 번호 (Type of Certificate Data Sheet No.)	ACTC201301

위의 항공기는 「항공법」 제17조제2항 및 같은 법 시행규칙 제34조제1항에 따른 기준에 적합한 형식임을 증명합니다.

In accordance with Paragraph 2, Article 17 of Aviation Act and Paragraph 1, Article 34 of Enforcement Regulation of Aviation Act, the Minister of Ministry of Land, Infrastructure and Transport hereby certifies that the abovementioned aircraft type design meets airworthiness requirements of Aviation Act.

2013년 3월 28일

Date of Issuance

국 토 교 통 부 장 관 [직인: 국토교통부장관인]

Minister of Ministry of Land, Infrastructure and Transport

| 참고 문헌 |

- 법률 "항공법"
- 대통령령 "항공법 시행령"
- 국토해양부령 "항공법 시행 규칙"
- 국토교통부 훈령 " 항공기 형식 증명 지침"
- 국토교통부 고시 "항공기 기술 표준품 형식 승인 기준"
- 국토교통부 훈령 "항공기 특별 감항 증명 발급 지침"(구 항공기 시험 비행 등의 허가 지침)
- 국토교통부 고시 "항공기 기술 기준 Part 21"
- 국토교통부 고시 "항공기 기술 기준 Part 23"
- 국토교통부 고시 "항공기 기술 기준 Part 36"
- 국토교통부 고시 "항공기 등의 제작 증명 및 생산 승인 기준"
- 14 CFR Part 23, Airworthiness Standards: Normal, Utility, Acrobatic, And Commuter Category Airplanes
- 14 CFR Part 33, Airworthiness Standards: Aircraft Engines
- 14 CFR Part 35, Airworthiness Standards: Propellers
- 14 CFR Part 36, Noise Standards: Aircraft Type And Airworthiness Certification
- 14 CFR Part 43. Maintenance, Preventive Maintenance, Rebuilding, And Alteration
- 14 CFR Part 91, General Operating and Flight Rules
- 14 CFR Part 135, Operating Requirements: Commuter and on-demand operations and Rules governing persons on board Such aircraft
- AR 70-38, Research, development, test and evaluation of material for extreme climatic conditions
- ASHRAE 37, Air Conditioning Systems For Subsonic Airplanes
- ASTM D910-07, Standard Specification for Aviation Gasoline
- MIL-E-5400, Electronic equipment, Airborne general Guidelines
- MIL-E-38453, Environmental Control, Environmental protection, and Engine Bleed Air systems, Air craft, general specification
- MIL-HDBK-310, Climatic data primarily for use in engineering analyses to develop and test military equipment and material
- MIL-S-4040F, The general requirements for electrical solenoids

- MIL-STD-130N, Nameplate and marking
- MIL-STD-210B/C, Climatic data primarily for use in engineering analyses to develop and test military equipment and material
- MIL-STD-464A, Electromagnetic Environmental Effects Requirements for Systems
- MIL-STD-704F, Aircraft Electric Power Characteristics
- MIL-STD-810G, Environmental Test Methods and Engineering Guidelines
- MIL-STD-882D, Standard Practice for system safety
- RTCA / DO-160E, Environmental Conditions and Test Procedures for Airborne Equipment
- RTCA / DO-178B, Software Consideration in Airborne Systems and Equipment Certification
- RTCA / DO-254, Design Assurance Guidance for Airborne Electronic Hardware
- SAE ARP 85, Guidelines and recommendations for design, installation, and analysis of subsonic airplane air conditioning systems
- SAE ARP 731, General requirements for application of vapor cycle refrigeration systems for aircraft
- SAE ARP 4754A, Guidelines for Development of Civil Aircraft and Systems
- SAE ARP 4761, Guidelines and Methods for Conducting the Safety Assessment Process on Civil Airborne Systems and Equipment
- SAE ARP 4975, Auto flight Guidance System(Auto flight) Issues Discussion
- SAE ARP 5366, Autopilot, Flight Director, and Auto thrust Systems
- SAE AS 405, Fuel and Oil Quantity Instruments
- SAE AS 8029, Minimum Performance Standard for Fuel and Oil Quantity Indicating System Components
- SAE J 1459, V-Ribbed Belts and Pulleys
- TSO-C2d Airspeed Instrument
- TSO-C3e Turn and Slip Instruments
- TSO-C4c Bank and Pitch Instruments
- TSO-C6d Direction Instrument, Magnetic (Gyroscopically Stabilized)
- TSO-C7d Direction Instruments Magnetic Non-stabilized Type(Magnetic Compass)
- TSO-C8e Vertical Velocity Instruments(Rate-of-Climb)
- TSO-C9c Automatic Pilots
- TSO-C10b Altimeter, Pressure Actuated, Sensitive Type
- TSO-C16a Electrically Heated Pitot and Pitot-Static Tubes

- TSO-C22g Safety Belts
- TSO-C26c Aircraft Wheels and Wheel-Brake Assemblies, with ADDENDUM I
- TSO-C34c Airborne ILS Glide Slope Receiving Equipment
- TSO-C34e ILS Glide Slope Receiving Equipment Operating within the Radio Frequency Range of 328.6-335.4 Megahertz (MHz)
- TSO-C35d Airborne Radio Marker Receiving Equipment
- TSO-C36c ILS Localizer Receiving Equipment
- TSO-C36e Airborne ILS Localizer Receiving Equipment Operating within the Radio Frequency Range of 108-112 Megahertz (MHz)
- TSO-C37d VHF Radio Communications Transmitting Equipment Operating within the Radio Frequency Range 117.975 to 137.000 Megahertz
- TSO-C38c VHF Radio Communications Receiving Equipment Operating within 117.975 to 136.000 Megahertz
- TSO-C38d VHF Radio Communications Receiving Equipment Operating within 117.975 to 137.000 Megahertz
- TSO-C40a VOR Radio Receiving Equipment
- TSO-C40c VOR Receiving Equipment Operating Within the Radio Frequency Range of 108-117.95 Megahertz (MHz)
- TSO-C43c Temperature Instruments
- TSO-C44c Fuel Flow-meters
- TSO-C45b Manifold Pressure Instruments
- TSO-C47a Fuel, Oil, and Hydraulic Pressure Instruments
- TSO-C48 Carbon Monoxide Detector Instruments
- TSO-C49b Electric Tachometer: Magnetic Drag (Indicator and Generator)
- TSO-C50c Audio Selector Panels and Amplifiers
- TSO-C52b Flight Director Equipment
- TSO-C55a Fuel and Oil Quantity Instruments
- TSO-C57a Headsets and Speakers
- TSO-C58a Aircraft Microphones (except Carbon)
- TSO-C62d Tires
- TSO-C66a Airborne Distance Measuring Equipment (For Air Carrier Aircraft)
- TSO-C66c Distance Measuring Equipment (DME) Operating within the Radio Frequency

Range of 960–1215 Megahertz

- TSO–C74c Airborne ATC Transponder Equipment
- TSO–C76 Fuel Drain Valves
- TSO–C88b Automatic Pressure Altitude Reporting Code – Generating Equipment
- TSO–C91a ELT Equipment
- TSO–C96a Anti–collision Light Systems
- TSO–C106 Air Data Computer
- TSO–C112 Air Traffic Control Radar Beacon System/Mode Select (ATCBS/ModeS) Airborne Equipment
- TSO–C113 Airborne Multipurpose Electronic Displays
- TSO–C114 Torso Restraint Systems
- TSO–C118 Traffic Alert and Collision Avoidance System (TCAS) Airborne Equipment, TCAS I
- TSO–C126a 406 MHz Emergency Locator Transmitter (ELT)
- TSO–C127a Rotorcraft, Transport Airplane, and Normal and Utility Airplane Seating Systems
- TSO–C128a Equipment that prevents blocked Channels used in two–way Radio Communications due to unintentional Transmissions
- TSO–C144 Airborne Global Positioning System Antenna
- TSO–C146c Stand–Alone Airborne Navigation Equipment Using The Global Positioning System Augmented By The Satellite Based Augmentation System
- TSO–C147 Traffic Advisory System (TAS) Airborne Equipment
- TSO–C165 Electronic Map Display Equipment for Graphical Depiction of Aircraft Position
- TSO–C169a VHF Radio Communications Transceiver Equipment Operating Within Radio Frequency Range 117.975 To 137.000 Megahertz
- AC 23–2A, Flammability Tests
- AC 23–8C, Flight Test Guide For Certification of Part 23 Airplanes
- AC 23–10, Auxiliary Fuel Systems For Reciprocating And Turbine Powered Part 23 Airplanes
- AC 23–13A, Fatigue, Fail–Safe, And Damage Tolerance Evaluation of Metallic Structure For Normal, Utility, Acrobatic, And Commuter Category Airplanes
- AC 23–15A, Small Airplane Certification Compliance Program
- AC 23–16A, Power plant Guide For Certification of Part 23 Airplanes And Airships
- AC 23–17C, Systems And Equipment Guide For Certification of Part 23 Airplanes And Airships

- AC 23–18, Installation of Terrain Awareness And Warning System (TAWS) Approved For Part 23 Airplanes
- AC 23–19A, Airframe Guide For Certification of Part 23 Airplanes
- AC 23–20, Acceptance Guidance On Material Procurement And Process Specifications For Polymer Matrix Composite Systems
- AC 23–24, Airworthiness Compliance Checklists for Common Part 23 Supplemental Type Certificate (STC) Projects
- AC 23.562–1, Dynamic Testing of Part 23 Airplane Seat/Restraint Systems And Occupant Protection
- AC 23.607–1, Self–Locking Nuts On Bolts Subject To Rotation
- AC 23.629–1B, Means of Compliance With Title 14 CFR, Part 23, § 23.629, Flutter
- AC 23.1309–1E, System Safety Analysis and Assessment for Part 23 Airplanes
- AC 23.1311–1C, Installation of Electronic Display in Part 23 Airplanes
- AC 23.1419–2D, Certification of Part 23 Airplanes For Flight in Icing Conditions
- AC 23.1521–1B, Type Certification of Automobile Gasoline in Part 23 Airplanes With Reciprocating Engines
- AC 23.1521–2, Type Certification of Oxygenates And Oxygenated Gasoline Fuels in Part 23 Airplanes With Reciprocating Engines
- AC 33–2B, Aircraft Engine Type Certification Handbook
- AC 33–6, Weld Repair of Aluminum Crankcases And Cylinders of Piston Engines
- AC 33.4–3, Instructions For Continued Airworthiness, Aircraft Engine High Intensity Radiated Fields (HIRF) And Lightning Protection Features
- AC 33.15–1, Manufacturing Process of Premium Quality Titanium Alloys Rotating Engine Components
- AC 33.17–1A, Engine Fire Protecton §33.17
- AC 33.19–1, Guidance Material For 14 CFR §33.19, Durability, For Reciprocating Engine Redesigned Parts
- AC 33.27–1A, Engine and Turbosupercharger Rotor Overspeed Requirements of 14 CFR §33.27
- AC 33.28–1, Compliance Criteria For 14 CFR §33.28, Aircraft, Engines, Electrical And Electronic Engine Control Systems
- AC 33.28–2, Guidance Material For 14 CFR 33.28, Reciprocating Engine, Electrical And Electronic Engine Control Systems
- AC 33.47–1, Detonation Testing In Reciprocating Aircraft Engines

- AC 33.76–1A, Bird Ingestion Certification Standards
- AC 35.4–1, Propeller Instructions For Continued Airworthiness
- AC 35.37–1A, Guidance Material For Fatigue Limit Tests And Composite Blade Fatigue Substantiation
- AC 91–33A, Use of Alternate Grades of Aviation Gasoline For Grade 80/87, And Use of Automotive Gasoline
- AC 91–51A, Effect of Icing On Aircraft Control And Airplane De–Ice And Anti–Ice Systems
- AC 91–55, Reduction of Electrical System Failures Following Aircraft Engine Starting
- AC 91–59A, Inspection And Care of General Aviation Aircraft Exhaust Systems
- Filippo De Florio(2006), Airworthiness, An Introduction to Aircraft Certification, A Guide to Understanding JAA, EASA, and FAA Standard
- Scott Jackson(1997), System Engineering for Commercial Aircraft

| 약어표 |

A

AC (Advisory Circular)
AC (Airworthiness Certificate)
ACT (Aircraft Load Calibration Test)
ADAHRS (Air Data, Attitude and Heading Reference System)
ADC (Air Data Calibration)
ADS (Aircraft Design Specification)
AFHA (Aircraft level Functional Hazard Assessment)
AFM (Airplane Flight Manual)
Amdt (Amendment)
ANSI (American National Standard Institute)
APS ((Airframe Parachute System)
ARI (Aileron Rudder Interconnection)
ARP (Aerospace Recommended Practice)
ATA(Air Transport Association of America)
ATO (Authorization to Offer)

B

B&CA (Business and Commercial Aviation)
BASA (Bilateral Aviation Safety Agreement)
BBA (Building Block Approach)

C

CASA(Civil Aviation Safety Authority)
CAT (Catastrophic)
CATIA (Computer-aided 3-d interactive application)
CCA (Common Cause Analysis)
CCL (Compliance Check List)
CDD (Configuration Description Document)
CMA (Common Mode Analysis)
CMF (Color, Material, Finish)
CP (Certification Plan)
CPP (Certification Program Plan)

D

D/A (Design Appraisal)
DAL (Development Assurance Level)
DD (Dependency Diagram)
DWG (Drawing)

E

EDRS (Engineering Data Release Schedule)
EIA (Electronic Industries Alliance)
ELOS (Equivalent Level of Safety)
EMS (Engine Mount Strut)
EPRD (Electronic Parts Reliability Data)
ESDR (Engineering Source Data Requirement)

F

FAA (Federal Aviation Administration)
FADEC (Full Authority Digital Engine Control)
FAR (Federal Aviation Regulation)
FC/C (Classification of Failure Condition)
FHA (Functional Hazard Assessment)
FMEA (Failure Mode and Effect Analysis)
FMES (Failure Modes and Effects Summary)
FTA (Fault Tree Analysis)
FTP (Flight Test Plan)
FTR (Flight Test Report)

G

GA (General Aviation)
GTP (Ground Test Plan)
GTR (Ground Test Report)
GVT (Ground Vibration Test)

H

HAZ (Hazardous)
HDBK (Handbook)
HIRF (High Intensity Radiated Fields)

I

I/A (Installation Appraisal)
IAI(Israel Aerospace Industries)
ICAO (International Civil Aviation Organization)
IEEE (International Electronic and Electrical Engineering)
IFD (Integrated Flight Display)
IFR (Instrument Flight Rule)
INCOSE (International Council on Systems Engineering)

K

KAS (Korean Airworthiness Standard)

KOCA(Korea Office of Civil Aviation)

L

LCO (Life Cycle Oscillation)

M

MA (Markov Analysis)
MAJ (Major)
MBD (Model Based Definition)
MFD (Multi Function Display)
MIN (Minor)
MOC (Means of Compliance)
MRE (Multiple Reciprocating Engine)
MTE (Multiple Turbine Engine)
MTOW (Maximum Take-Off Weight)

N

N/A (Not Applicable)
NPRD (Non-electronic Parts Reliability Data)

O

OML (Outer Mold Line)

P

PC (Production Certificate)
PDM(Product Data Management)
PDR (Preliminary Design Review)
PFD (Primary Flight Display)
PLM(Product Life cycle Management)
PMA (Parts Manufacturer Approval)
PMS (Program Master Schedule)
POH (Pilot's Operating Handbook)
PRA (Particular Risk Analysis)
PSCP (Project Specific Certification Plan)
PSSA (Preliminary System Safety Assessment)

Q

QTP (Qualification Test Plan)
QTR (Qualification Test Report)

R

ROC (Requirement of Customer)
RTCA (Radio Technical Commission of Aeronautics)

S

SAE (Society of Automotive Engineers)
SDR (System Design Review)
SE (System Engineering)
SEMP (SE Management Plan)
SFHA (System level Functional Hazard Assessment)
SLPC (Single Lever Power Control)
SRC (Spin Recovery Chute),
SRE (Single Reciprocating Engine)
SSA (System Safety Assessment)
STE (Single Turbine Engine)
Subs Doc (Substantiation Document)
SVI(Safety Validation Item)

T

TC (Type Certificate)
TCB (Type Certification Board)
TCBM (Type Certification Board Meeting)
TCV(Type Certification Validation)
TDD (Type Design Definition)
TEMP (Test and Evaluation Master Plan)
TIA (Type Inspection Authorization)
TPM (Technical Performance Measurement)
TSO (Technical Standard Order)

V

VFR (Visual Flight Rule)
VHF (Very High Frequency)
VLA (Very Light Airplane)
VOC (Voice of Customer)
VPM(Virtual Product Modeling)

W

WBS (Work Breakdown Structure)

Z

ZSA (Zonal Safety Analysis)

| 찾아보기 |

ㅅ

ㅇ

ㅈ

◆ 저자 약력

고대우

한국항공대학교 항공기계공학과 및 한국과학기술원 항공공학과 졸업(석사)
항공기체기술사
KT-1 전방 동체 설계, T-50 형상 개발, A-50 사업 관리, KC-100 과제 연구 책임자 업무 수행
현재, 한국항공우주산업 민항기체계팀 수석 연구원

최낙선

한국항공대학교 항공기계공학과 및 경상대학교 대학원 항공기계공학과 졸업(석사)
항공기체기술사
KT-1 세부 계통 설계, T-50 구조 설계, 선행 연구, KC-100 체계 종합 업무 수행
현재, 한국항공우주산업 민항기체계팀 팀장

강민성

서울대학교 항공우주공학과 및 동 대학원 졸업(석사)
KT-1 체계 종합/중량 관리, KC-100 체계 종합/체계 안전성 평가 업무 수행
현재, 한국항공우주산업 민항기체계팀 책임 연구원

김광해

모스크바 국립항공대학교 항공공학과 및 동 대학원 졸업(공학 박사)
선행 연구, KC-100 체계 종합/요구도/시험 평가 업무 수행
현재, 한국항공우주산업 민항기체계팀 책임 연구원

류광수

서울대학교 항공공학과 및 동 대학원 졸업(석사)
T-50 항공 전자/훈련 체계, FA-50 항공 전자/체계, KC-100 체계, KT-1P 체계 업무 수행
현재, 한국항공우주산업 고정익 체계 담당 연구 위원(상무)

◆ 감수 : 김임수(한국항공우주산업 고정익개발본부장)

KC-100 항공기 경험으로 쓴

민간 항공기 개발

2013년 12월 20일 제1판 1쇄 펴냄
2014년 08월 31일 제1판 2쇄 펴냄
지은이 고대우 · 최낙선 · 강민성 · 김광해 · 류광수
감 수 김임수
펴낸이 류제동
펴낸곳 **청문각**

편집국장 안기용 | 책임편집 우종현 | 본문디자인 네임북스
표지디자인 트인글터 | 제작 김선형 | 영업 함승형
출력 ㈜한국커뮤니케이션 | 인쇄 영진인쇄 | 제본 한진제본

주소 413-120 경기도 파주시 교하읍 문발로 116 | 우편번호 413-120
전화 1644-0965(대표) | 팩스 070-8650-0965 | 홈페이지 www.cmgpg.co.kr
등록 2012. 11. 26. 제406-2012-000127호

ISBN 978-89-6364-191-1 (93550)
값 15,000원

* 잘못된 책은 바꾸어 드립니다.
* 저자와의 협의하에 인지를 생략합니다.